What Your Animals Tell Me

ペットのことばが聞こえますか

動物語通訳体験記

モニカ・ディードリッヒ◎著 Dr. Monica Diedrich
青木多香子◎訳

たま出版

訳者まえがき

「動物と話をする」。こう言うと、たいていの人は笑います。そんなことはできるはずがない、と思っているのです。その根底には、動物は人間のような豊かな感情を持たない、ただ食べて寝るだけの愚かな生き物だ、という固定観念があるのかもしれません。このように、動物も人間と同じように、喜怒哀楽があると考えることは「擬人観」（動物に人間の心情を当てはめて理解すること）だと、一般には考えられています。ましてや、彼らに知性が備わっているなどとは、考えも及ばないのが普通です。たとえ彼らとじかに話ができなくても、動物の行動や態度から、彼らが何を感じ、何を考えているかを推し量ることはできるはずですが、それすら一般にはあまり行われていないのは、この誤った先入観が原因でしょう。あるいは単に、私たち人間が動物のことを知らなさすぎるのかもしれません。どちらにしても、動物の内面に注意を払うことは、ほとんど為されてきませんでした。

ところが、この傾向が、ここ数年の間に大きく変わりました。動物たちは、豊かな感情を持ち、高度な知性の備わった仲間であり、それればかりか、れっきとした役割や使命を持ってこの世に生まれてきているのが明かされてきているのです。これは、テレパシーによって動物と話ができるという稀有《けう》の才能を持ったアニマル・コミュニケーターたちに負うところが多いでしょう。それに、聞く耳を持った人たちがいて、彼らの言うことに耳を傾けたわけです。この本の著者、モニカ・ディードリッヒ博士も、もちろんその一人です。彼女は現在、すぐれたアニマル・コミュニケーターとして、飼い主が自分の動物と話をするための橋渡しをしていますし、動物病院で動物たちの気持ちを伝えて、治療方針の決定に動物たちも参加できるように助けています。また、アニマル・コニュニケーションの仕方も教えています。

この本には、私たちにとって一番身近なコンパニオン・アニマル（伴侶動物）である犬と猫だけでなく、ウサギや馬、狼などの野生動物とのセッションの話も収められています。生きた動物のこともあれば、すでに他界した動物のこともあります。彼らはそれぞれに、自分のニーズを告げて飼い主と折り合いをつけたり、飼い主に伝えなければならないことをあの世から伝えたりします。中には、安楽死を求めて飼い主を狼狽《ろうばい》させる病気の動物や、飼い主が目を離した隙に死を選び取ってしまう瀕死の動物もいます。これは、延命のためだけに結局は苦痛を耐え忍ばなければならないという、皮肉とも言える状況を選んでしまい、それを善意からであれ、自分の愛する動物たちにも強いてしまっている現代人が学ばなければならないレッスンかもしれません。

シャム猫のシーラが、「美人コンテストの女王」時代に撮ってもらった写真を見てほしいと著者にせがむシーンがあります。この写真でシーラは、首をまっすぐに伸ばすのではなく肩の方に傾《かし》げてポーズをとっていて、それが彼女の優美さをいっそう引き立たせています。人間ならともかく、猫でも、自分を美しく見せたいし、このように自分を美しく見せる術《すべ》を心得ていて、その美を理解できる人には惜しげもなく披露する。これは、猫のことなら何でもわかっているつもりだった私にとって、大きな気づきでした。猫は、あるがままの姿で美しく可愛いのであって、私たち人間の目に美しく映ろうという意識など彼らにはない、私はそう決めてかかっていたからです。動物たちがあの世へ旅立つ場面では、私もティッシュを片手にパソコンに向かいました。私たちの愛する動物たちが、死後もあの世から私たちを見守ってくれていて、再び私たちのもとに転生してくることもしばしばあることを知るのは、愛する動物を亡くした人、亡くしつつある人にとって、大きな癒しとなることでしょう。

この本を読み進むにつれて、動物たちについて知らなかったことを、あなたもたくさん発見なさることでしょう。彼らの華麗な内的世界への旅を、どうぞお楽しみください。

翻訳にあたっては、福英司さん、ジェイソン・コッポラさん、バルカン・マヤンさんに、それぞれの分野でお智恵を拝借しました。末尾になりましたが、感謝を述べさせていただきます。

青木　多香子

二〇〇五年六月吉日

謝辞

本書は、動物たちをはじめ、さまざまな教師から、多くの魅惑的な経験や洞察を得られたからこそ、でき上がったものです。

まず、誰よりも、感謝を述べなければならないのは、阮明心《タム・ンギュエン》先生（写真参照）です。彼は自分自身を理解することを教え、私の才能に気づかせてくださったのです。そして目にしているイメージをあるがまま、怖がらずに見ていられるよう教えてくださいました。

また後年、レヴェレンド・イヴォンヌ・グッデイル・フェイバーに出会って、自分の感情を表し、信じることを主張できるよう、独自のやり方で導いていただきました。そのようにして、社会の拘束から解放される方法を教えてくださったことで、新しい可能性が開かれました。

他にも、私に多大な影響を与えてくださった大勢の人々がおられます。

本書の制作にあたっては、（原書の）表紙を飾っている、うちの子犬たちの写真を撮り、本書の編集も手伝おうとしてくれた、息子のポールに感謝します。それから、私の頭の後ろに目があるにちがいないと今でも思っている、下の息子のマイケルにも感謝を述べます。そして誰よりも、三十四年間ずっと仲間であり友達であり続けてくれている夫のアルバートに、感謝を述べなければなりません。すべては彼のおかげです。

最後に、コンサルテーション（ペットの相談指導）に来られ、彼らのペットとコンタクト（心的接触）できる私の能力を信じてくださったすべての方に、謝意を述べたいと思います。そして誰よりも、本書で、それぞれの話をしてくれた、すべての動物たちに感謝します。

霊的教師の阮明心先生といっしょの著者。「形而上学研究会」の祭壇の前で。

ペットのことばが聞こえますか［目　次］

本文イラスト◉渡部健

まえがき

「何をしてらっしゃるんですって?」

私がアニマル・コミュニケーター(動物通訳者)だと言うと、みな驚いてこう聞きます。

「どうやってやるんですか?」と尋ねます。

「そうですね……映画のようなイメージが心に浮かぶんです。これらのイメージを見れば、動物が幸せなのか悲しいのか、何かを切に求めているのか、それとも今の生活に満足しているのかがわかります。動物たちが、自分に不足しているもの、願望、必要なもの、心や体の痛みを見せてくれるんです」

私が受け取るイメージには時間が示されないので、過去のものなのか、現在か、未来なのか、推し量るのが困難なこともあります。そして、たいていは、印象、感情、味覚、音、匂いが付随します。

また、私が動物とコミュニケーションができるので、たいていの人は、私のことを、動物たちと身近に接し、いっしょに育ったと思うようです。しかし私は南米アルゼンチンの首都ブエノスアイレス出身です。そこは共同住宅が周囲に立ち並び繁忙《はんぼう》をきわめる大都市で、特に住宅やオフィスの数が多い中心街は、ペットを飼うような場所ではありませんでした。ほんのわずかな緑を見るために、三キロも離れた公園まで歩いて行かなければならないほどでした。

家族は、私が八歳のときに、ブエノスアイレスから二時間ほどのところに避暑用の家を買いました。緑と果樹が周囲を囲むスペインふうの大きな家でした。三ヶ月間の学校の休暇があるときは、私は必ずそこで過ごしたのですが、ある年の休暇中のこと、自分は動物の考えていることが聞こえるのだということを知ったのでした。

隣には、ヨーロッパから移住してきた一家が住んでいました。その一家は農場を持っていて、卵を産ませるための鶏、乳を得るための牛、二、三頭の馬、二匹の犬、それに数匹の猫も飼っていました。

しょっちゅうお隣に行って、牛乳や卵を買ったものです。あるとき、そこで二十頭ほどの子豚に囲まれた母豚の姿を見かけました。その母豚が、「子豚に乳を飲ませるのはひどく疲れるよ……」と不平を言うのが聞こえて、私はびっくりしました。私が〝聞こえている〟間、母豚は私をまっすぐに見ていたので、それが私の想像でないことは明らかでした。それからは、動物たちと話ができるように、いつも自分から食糧を買いに行くようにしたのです。

あるときなどは、木に鎖でつながれた犬が、「暑くてたまらないよ……」と私に言い、「その前の日に鎖を切ったためにひどくぶたれた」と言って笑いました。「そんなに痛くなかったし、鎖を切ってよかったと思うよ。僕は農場全体を調べて、すべてにマーキングしなければならなかったんだ。そうしておけば、僕がほとんど一日中つながれていても、農場全体が僕の縄張りなのがみなにわかるからね」

また、搾りたての乳を私に親切に勧めてくれた牛の話も聞けたし、雌鶏《めんどり》たちは新しく来た傲慢な若い雄鶏のことで文句を言いました。私はまだ幼かったので、こういったことは誰にでもできる当たり前のことなのだと思っていました。

でも、いつも楽しい会話が交わせたわけではありません。あるとき、犬が叩かれそうになっていて、彼が死に物狂いで助けを求めている声が聞こえたことがありました。男は自分のベルトをはずして犬を自分の傍らに呼びました。忠実な動物は、何が起こるか十分にわかっていましたが、小走りして従順に彼のもとに行きました。肩を落とし、頭を垂らし、尻尾を両足の間に丸め込んでいた犬は、私の方を見て叫びました。「やめるように言って！　やめるように言って！」。「叩かないで」と私は飼い主に懇願しましたが、男は「教えてやらなきゃならないんだ」とつっけんどんに言いました。

怒りと不信感とでいっぱいの私は、その場を去りましたが、犬の叫び声が耳にこだましていました。彼の痛みは私の痛みでした。私は家へ走って戻り、こんな体験は二度としたくないと思いました。

自分が他の人たちと違うことに気づいたのは十八歳になってからでした。そこから、自分は「人間や動物から超感覚的な情報を受け取るのに、他の人はなぜそうではないのか」と自問し始めたのです。生々しいデジャヴ（訳注＝既視感・「以前にどこかで見たことがある」という感じ）が、なぜ日常茶飯に起こるのか？　なぜ、出来事が起こる前にわかるのか？　たとえば、誰かと話をしているときに、その人が次に何を言うかがわかるということがしょっちゅうありました。

結婚したばかりのある日のこと。新居に置く家具を買うために夫といっしょに家具屋へ行きました。店に足を踏み入れたとたん、「映画」のようなイメージが見え始め、その二階建ての店の中がどんな様子なのかがわかりました。これから買う家具の一つひとつが、私たちの新しいアパートにすでにあるのも見えました。そして次に、階段で遊んでいる少女が、誤って落ちて、骨を数本折る様子が見えたのです。

さまざまな思いが私の胸の中を駆け巡りました。私は何をすべきなのかしら？　これはもう起こってしまったことなのかしら？　それとも、今まさに起ころうとしているの？　もしそうなら、少女にやめさせればいいの？　少女のお母さんに言うべきなの？　何をすべきなのか、誰か教えて！　私は心の中で叫びました。

そのイメージは数分間続いたのですが、その間に、少女が階段で遊び始める姿が実際に見えてきました。階段の一段目に飛び乗り、地面に飛び降り、今度は二段目まで上がり、地面に飛び降り――というように、上がる段を一段ずつ増やしていっていました。私は微動だにせずに、自分の得た予知を追体験していました。六段まで上り、少女が飛び降りるために向きを変えるのが見えたので、私は叫びました。

この声で少女は驚いて体重を移したので、予知どおりにはならず、少女は打撲しただけで、骨折はしませんでした。少女はまだ泣きわめいて母親を呼んでいましたが、立ち上がって家族のところへ走っていく姿が見えたので、私はほっと胸をなで下ろしました。

どういうわけか、私の叫び声で事態が変わったのでした。私は、身震いして当惑しながら、これを誰に話せばいいのだろうと思いました。いったい誰がわかってくれるでしょう？　事によると頭がおかしいと思われるのではないかしら？――。結局、神、宇宙、あるいは耳を傾けてくれるかもしれない〝宇宙の管理者〟以外には、誰にも言わないことにしました。「悪いものは何も見なくてすむなら、授けられた才能を受け入れて、人間や動物を助けるのに役立たせます。二度と再び怖いものをお見せにならないなら、この約束を守ります」

家具屋で起きた出来事から立ち直るのに何年もかかりました。でも、その頃には、「霊能がある」という言葉が何を意味するかがわかっていました。私はジェーン・ロバーツの本に、「セス」という名の霊体とチャネリングする様子が書かれていて、〝変〟なのは私だけではないことを知り、嬉しくなりました。その本の著者も、最初は私と同じようなことを思っていたらしく、自分を信じきれずに悲観していたという話もあって、私は安心したものです。他の著者の本も読み、そんなふうにして、〝私の道〟は始まったのでした。

そして、自分の才能で、どのように動物を助けられるのかと考えました。人は初対面の人に会ったとき、どんな人か尋ねることから始めるわけですから、動物の場合も同じようにすればいいのではないかと思い、まず私が質問し、動物たちがそれに答える――そういうふうにすることに決めました。

そうやっているうちにわかってきたのは、動物たちは通常、自分たちのことをわかってもらうために、積極的に性格の描写をしてくれるということでした。たとえば、動物たちは自分のことを、「かわいい女性」とか「不平不満の多い年寄り」、「冒険家」「カウチポテト（怠け者）」などというふうに言います。ときには、「パパやママと非常に近い関係にある」といった具合に、家族の誰かとの関係について説明してくれたりもします。（たいていの動物は人間の家族に対して親のようなイメージを持っているので、「パパ」あるいは「ママ」という言葉が心に浮かぶことが多いようです）

複数の犬を飼っている家庭の場合は、誰が「首位の犬《トップ・ドッグ》」であるかを教えてくれます。また、同じ家で暮らす人間を描写するのに、「友達」という言葉を使う動物も中にはいます。驚くべきは、叩かれたり罵《ののし》られたりしている動物ですら、自分の家族について話すときには愛をこめて語ってくれるということです。

深遠な霊的なメッセージを与えてくれる動物もいれば、自分の好きな食べ物や活動について話す動物もいます。でも、みなに共通しているのは、愛と忍耐について話し、やるべき仕事があることを語ってくれることです。彼らの仕事はさまざまであり、その仕事は生活上で最も重要な部分を占めています。

たとえば、犬の場合は家の用心をしたり、見知らぬ人が来ないように見張ったり、子供から目を離さないようにしたり、猫が部屋に入るのを阻止したり、赤ちゃんに気をつけたりします。戸外にいる犬は、狩りをしたり、釣りをしたり、ハイキングをしたり、家畜の番をしたりしています。どんな仕事であれ、きちんとやることを楽しんでいます。人間の仲間を喜ばせ、彼らが幸せな姿を見ることが、彼らにとっての喜びなのです。

一方、猫は犬よりも独立しています。仕事を持つ猫もいますが、主な願望は、眠り、日光浴など、自分のやりたいようにやることです。それでも、猫は、自分の願望や要求が、持ちつ持たれつの関係になるようにバランスさせています。たしかに、もらうよりも与える方が多い飼い主もいるでしょうが……。

それにしても、動物たちには、私たちが与えているよりも、ずっと多くのものを与えてくれていると思わせられることがあります。彼らの無条件の愛は、私たちが彼らをどのように扱うかに関係なく、いつもそこにあるのです。私たちがやってあげる償いや犠牲をはるかに上回っているのです。

本書で取り上げたケースでは、多くの場合、動物たちの目的は、私たちに何かを教えてくれることです。彼らが一度の生涯でそれを達成できなければ、さらに転生して、もう一度私たちといっしょに暮らすようになることを明かしています。動物が自分の保護者である人間と同じ病気にかかるのも、その一環です。私の顧客の中には、自分と同じ病気にかかっていた動物は死んだのに、自分の方は完全に回復したという人がいます。

動物たちの役割とその行動は、ときには私たちの理解をはるかに超えていて、わからないこともあります。彼らの行為には、飼い主の感情が鏡のように映し出されているのです。あなたが楽しい一日を過ごしたのか、それとも楽しくなかったのかを、見せてくれます。あなたがどれだけストレスを感じているか、動物は感受し反応します。表立ってストレスの兆候を示さなくても、あなたのオーラ（肉体を取り巻くエネルギー場）を見て、そのストレスを知覚し、スポンジのように吸収してくれます。そうやって、あなたがリラックスできるように助けているのです。そんな彼らに対し、あなたはどうしますか？　彼らを撫で、愛していると言うのではありませんか。すると動物たちはお腹を見せ、賛美の眼差しをあなたに送るか、喉をゴロゴロ鳴らしますね——。

喉をゴロゴロ鳴らすのは大きな満足感を示しています。猫に喜んで喉をゴロゴロ鳴らしてもらうには、あなた自身が素晴らしい人でなければなりません。猫は愛を示すためにあなたが必要で、あなたはそれに応えます。その返礼として、猫はあなたがどんなに特別な存在かを示してくれているのです。だって、猫は誰に対しても喉を鳴らすわけではありませんから！

動物たちが私たちに話しかけるときには、耳を傾ける必要があります。彼らが不平を唱えることは滅多になく、多くの場合は自分の考えを知ってもらいたがっているのです。でも、彼らが言っていることを理解するだけでは十分ではありません。たいていの場合、何らかの措置を講じなければなりません。

たとえば、ペット悩み相談に来た人に「猫がトイレを使うのを拒んでいるのは、そのトイレが汚れているからです」と言ったとします。そのとき、「長時間働いていて家に帰ると疲れているから」とか、「現実問題として、トイレの場所を変えることはできない」「うちの猫はあの砂が好きだった」というような言い訳をするのを聞くと、私は心配になります。

だって、私にはあなたのペットの考えを変えることはできないのですから。私にできるのは、ペットたちが私に言うことを、あなたに伝えることだけなのです。それについて判断を下し、変化を起こすかどうかを決めるのは、あなたなのです。

ペット好きの人たちが、「自分のペットは人間に似た感情を持っている」と言うと、それをあざ笑う人がいます。しかし、動物たちに感情移入ができる私としては、嘲笑する人たちの考え方には反対です。ペットたちは毎日、自分の感情を私に伝えてくれています。それに彼らは、自分が欲するもの、自分が好むもの、家と家族に関する出来事や状況を、論理的に説明することができます。

本書があなたの心のドアを開けることになれば——というのが私の願いです。あなたは私の才能を疑うかもしれませんが、少なくとも、本書で示されている洞察だけは受け入れるように努力してみてください。そして、私としてはできるかぎり細部にわたって、忠実かつ正直に描写していることをご理解ください。本書に掲載した相談事の中には、私が後から参照できるように録音したものもありますし、そうでないものは、そのペットの飼い主によって真実であることが確認されています。本書の話は**すべて実話**なのです！

本書は、私たち人間がペットの真価を正しく理解できるよう、豊かで深い動物の内的世界を明かしてくれることでしょう。動物たちは、私たちが考えているよりもずっと、自分の生活で——

そしてあなたの生活で——何が起こるのかをわかっています。また、これも本書を読めばわかることですが、動物たちも私たち人間と同じく、肉体が死んだ後も残る魂を持っていて、あの世から私たちを見守ってくれています。

本書の物語を読みやすくするために、動物たちのメッセージには、本当に話しているかのようにカギカッコをつけました。私には実際に彼らの言葉が聞こえる場合もあります。重要な内容の場合は文章全体が伝わってきますし、そうでない場合はイメージとともに二、三の言葉が聞こえます。

では、リラックスして、動物たちの直感と洞察に満ちた各章をお楽しみください。そして、彼らがいかに私たちの日々の生活に影響を与え、それを豊かにし、教え導いてくれているかを、彼らの家族といっしょに歩んで、体験してください。

モニカ・ディードリッヒ

カリフォルニア州アナハイム

第1章　「自称ヒーラーなら……何かやって！」

私は寝室の床に座り込み、最良の友が死ぬのを見守っています。その友は身体の制御能力を完全に失い、想像上の物体をじっと見つめながら、床に寝そべっています。口を開けて、ハアハアとやっとのことで息をしている状態です。

最良の友である私の犬は、もう一晩も持たないかもしれません。私の心は、出会った日へとさまよい戻ります。当時の彼はなんて小さかったことでしょう！　買い物をしている間、私のハンドバッグの中に静かに収まっていて、時折頭を突き出していたことを思い出し、私は一人で笑いました。行き交う人々が、菊の花のようにも見える白いふわふわした被毛をよく見ようとして、私を立ちどまらせると、そこに子犬の明るく黒い目があるのに気づき、みんな、「なんてきれいな犬でしょう」と言ってくれたものでした。人々の注目と関心を引きながら、彼はいつも私の腕の中という安心で安全な場所に引きこもっていました。

しかしもう、彼を気持ちよくしてあげることはできません。今は、私の目の前で死にかけていて、どうすればよいのか、わからないのです。

*

私は長年、レイキによく似た「コズミック・ヒーリング」というテクニックを勉強してきました。そして過去十二年間は、霊的指導者の阮明心先生から、宇宙のヒーリング・エネルギーをチャネリングして、人々が癒されるように助けるためのテクニックを教えていただきました。また毎週土曜には、カリフォルニア州アナハイムにある「形而上学研究会」に出かけ、問題を抱えている人々を助けるための勉強をしました。

阮先生がタントラ仏教から編み出したこの技法は、心臓のチャクラと万物への愛に基礎を置いています。先生からその技法の教師になるようにと頼まれたとき、私はその好機に飛びつきました。

私は東洋思想に魅了されていたので、チベットという国の文化、国民、歴史、それに、そこに住むペットについて勉強しました。


シーズー犬の原産国ははっきりしません。何百年もの間、中国で交配されてきたため、中国犬に分類されていますが、原産地はチベットではないかと考えられています。シーズー犬はチベットでは家で飼われていて、時折中国の皇帝への貢物にされていました。

仏教とラマ教では、ライオンは聖獣とされています。文殊菩薩（マンジュシュリー）は、小さな犬に付き添われて、一介の僧侶として四ヶ国を旅したと言われています。文殊菩薩がその小さな犬の背中に乗ると、その犬は瞬時に強力なライオンに姿を変えることができたということです。この話からは、チベットのラマ僧たちが、数種の犬を「ライオン」に似るように交配させるよう奨励したのではないか、ということがわかります。そして、その標本の中の最良のものが選ばれたことは間違いないでしょう。ライオン犬を与えられるのは大きな栄誉であり、中国の皇帝への最後の献上が行われたのは、一九〇八年にダライ・ラマが数匹の犬を連れて西太后を訪問したときでした。西太后はそれから数ヶ月後に逝去しました。

こうして、シーズー犬はライオン犬として知られるようになりました。小さなライオン犬は寺院で職務を果たすべく飼育されたり、寺院でペットとして飼われたりしました。西太后の死後、紫禁城には犬の交配を監督する者がいなくなり、新皇帝の溥儀《ふぎ》は宮廷の犬に関心を示さなかったので、多数の犬たちが中国の名家と政府高官に下賜され、残りの犬たちはラマ教寺院の犬市場で売られました。

犬の交配はその後も宮廷の外で続けられました。中国人は生きた成犬や子犬を国外に出さないためなら何でもするとさえ言われたほどでした。一説には、西洋に輸出される直前の犬がいると、ガラスの粉末を食べさせることまでしたそうです。

中国がチベットに侵攻すると、交配はやめられ、犬は姿を消しました。何年もたってから、数匹が北京で見つかり、この犬種に惚れ込んだダグラス・ブラウンリッグ将軍夫妻に売却されました。夫妻は一九三一年に犬たちを英国に連れていき、幾度も試行錯誤を重ねた後、二匹のメスの繁殖に成功しました。シーズーは一九六六年にアメリカ合衆国に持ち込まれ、急速に人気の高い小型の愛玩犬になりました。

私はシーズーという犬種とその歴史に魅了されたので、手に入れたいと思いました。いろいろ調べた結果、長年シーズーの交配をしているという人を見つけました。一時間以上かかる旅の間、私は期待で胸がわくわくしました。(その前に二軒の犬の繁殖所に行きましたが、どの子犬も私が

求めているのとは違ったのです）

しかし、そこに着いたとき、私はがっかりしました。せっかく長時間かけて来たのに、生後八週間のオスがたった一匹残っているだけだったからです。私がほしかったのはメスでした。けれども私は、長い間そのオスの子犬を眺めました。白い綿毛のような被毛、丸まった尾、それに大きくて黒くて、表情豊かな目。私は恋に落ちました。

彼は、アメリカと英国両方のチャンピオン犬を長期にわたって輩出している血統でした。彼の祖先には、チョップチョップという名の犬がいましたが、チョップチョップは中国語と英語の混合語で、「早く早く」という意味です。私が呼ぶと彼はいつもすぐに走ってきたので、私は彼にもそう名づけました。彼は私がはじめて持つ〝動物の恋人〟でした。

チョップチョップは、いつも幸せそうで、優しくて、従順で遊び好きな子犬でした。家族ともとても親密な関係を築き、みなを楽しませるのに熱心でした。呼ばれれば必ず来ましたし、家の中で粗相をしたことは一度もありませんでした。この完璧な紳士は、吠えたことすらなかったのです。

彼がまだ二歳の頃のことです。ある日、私が階段を上がって寝室へ行こうとしたとき、いつものようにチョップチョップの名前を呼びましたが、そのときに限って、チョップチョップは来ませんでした。その代わりに彼がクンクン鳴き始めたのが二階から見えました。彼が私を見上げてから目を伏せたとき、私の困惑は不安へと変わりました。

まず、私はもっと大きな声で彼を呼び、それから、柔らかい声でクークーと鳴いて、おびき寄せようとしました。けれども、彼はくんくん鳴き続けるだけでした。私は階下へ戻って彼を抱き上げました。私がお腹に手を置くやいなや、彼は甲高い声をあげてキャンキャン鳴きました。痛くて鳴いているのは間違いありませんでした。

子供たちに確認すると、チョップチョップは一日中静かに、ほとんどずっと寝そべっていたということでした。私はひどく心配になり、その夜は彼にキルトの毛布をかけてなだめました。彼は、いったん落ち着くと、数分で眠りにつきました。

翌日も、彼の状態は良くなりませんでした。いつもなら私についてきて用を足すのに、そうしなかったので、彼をベッドから抱き上げて、外に連れ出さなければなりませんでした。彼は足を持ち上げずに、メス犬のようにしゃがんで用を足しました。これも、彼らしくない行動でした。

それから、ただちにチョップチョップを獣医に連れていきました。獣医の診断によると、彼は股関節異形成で、脊椎で神経が圧迫されているために、さらに悪くなっているということでした。厳寒で湿度の高い気候も、悪化に拍車をかけているとのことでした。獣医は痛み止めを注射し、薬を処方してくれました。それから、完全に治るという見込みはないけれど、人工股関節に取り替える手術を検討してみるべきだと言いました。それをしないなら、安楽死させるしかない、とのことでした。

私はうろたえました。チョップチョップはまだ二歳なのです！　股関節異形成だなんて、これまで何の兆候もありませんでしたし、体重も五キログラム強しかありませんでした。私は、この状況になんとか対処するために、獣医が間違った診断をしたのだという結論を下しました。「チョップチョップは多分、うちの子の誰かと遊んでいて、けがをしただけなんだわ。痛み止めを使えば、明日にはきっと気分が良くなっているわ」。そう思い込もうとしましたが、そうはなりませんでした。

時がたつにつれ、彼は次第に歩行が困難になり、とうとう腰から下が麻痺してしまいました。ひどい痛みのために、前足を使って体を前に引き寄せることすらできなくなりました。そのうえ寝そべったままでじっと動かず、何時間も目をこらして、未知の地平線を見つめるようになりました。もはや身体機能を制御できなくなったので、おむつを買いました。これらすべてが、数日のうちに起こりました。

別の獣医のところにも連れていきましたが、やはり同じ病気だと診断され、前と同様、効果のない痛み止めが処方されるだけでした。そのうち、チョップチョップは食事をとろうとしなくなり、水分もほとんどとらなくなりました。もう、彼が長く生きられないことは、明らかでした。

私は獣医のところから家へ帰る道すがら、ずっと泣き続け、二人目の獣医にも同じ診断をされたことを夫に報告しながら、また泣きました。その晩、私は自分のベッドのそばの床に温かい毛布を何枚か敷き、そこにチョップチョップを寝かせました。そしてベッドから、これまでで一番長い時間、彼のことを見つめました。彼は見つめ返してはきませんでした。

これが彼と過ごす最後の夜になるかもしれないと思うと、私は眠れませんでした。そこで、自分の毛布をつかむとチョップチョップの隣に寝そべり、優しく話しかけました。すると突然、声が聞こえてきたので、私はぎょっとしました！

「ヒーラーを自称し、たくさんの人を助けてきたのでしょう？……何かやって！」

私はショックを受け、ただちに起き上がって部屋を見回しました。もちろん、そこには私とチョップチョップしかいませんでした。彼を見下ろしたとき、テレパシーで私に話しかけているのに気づきました。この数日来はじめて、彼は私の目をまっすぐに長い間見つめました。その瞬間、私たち二人の絆はとても強くなり、自分たちが物質界とは別のレベルでコミュニケーションしていることがわかりました。また、彼が私の、癒しの光をチャネリングする能力を信頼しているのがわかりました。

「そうだわ！　コズミック・ヒーリングを動物にすることをなぜ思いつかなかったのかしら？人間に効果があるんだから、動物にだってあるはずだわ！」

私はすぐさま、自分の持つ知識と努力と集中力を総動員しました。宇宙エネルギーを呼び起こし、天と精霊、宇宙の光と愛、天使と妖精、私のハイアーセルフと守護天使、あらゆる時代のあらゆる聖人と賢人、宇宙と諸次元、そのすべてに話しかけました。過去、現在、未来において私を助けてくれているあらゆる人と物に、生命と癒しの光の伝達者になってくれるようにと頼みました。そして、サインを待ちました……。

やがて私の両手がとても熱くなり、続いていつものチクチクする感じが起こりました。準備ができたことがわかりました。

チョップチョップの椎骨《ついこつ》の始まりである首のつけ根にかざされた両手は、ゆっくりと引いては押す動きをし、背中全体を通って、最後に尻尾のつけ根のところまで行きました。頭では、それでやめようと思ったのですが、手はどうすればいいかがわかっているかのように進み続けました。丸まっていた尻尾をつかみ、わずかに引っ張ることで、椎骨全体を操作しました。

次は臀部に集中的に行い、チョップチョップの脚を奇妙な形にねじ曲げました。最後にお腹のところに行きましたが、彼は胃の筋肉が弱っているために、お腹で全身の体重を担わなければならなくなっていました。私は、自分の手が自然と導かれて癒しを行うに任せながら、さまざまなパターンが現れるのを見守りました。すると突然、流れが止まりました。

私はみなに感謝し、頭を下げて、敬意と謝意を表しました。彼の最高の善のために、自分ができるかぎりのことをしたと、私は固く信じていました。満足した私は、数日来はじめて、ぐっすりと眠りました。

翌日、私が起きると、チョップチョップは四本の足全部を使って起き上がり、ふさふさした毛を揺すりました。これは長い間できずにいたことでした。彼がそこまで良くなったのを見て喜んだ私は、彼を抱き上げ、用を足させるために外に連れ出しました。後ろ足が力尽きて倒れてしまわないよう、優しく降ろしましたが、彼はしっかりと足で地面を踏みしめました。そして、まだしゃがんだままでしたが、難なく用を足しました。

家に戻ると、私は彼に二度目のヒーリングを行いました。いつも通り朝食を食べていっしょに時間を過ごしてから、私は仕事に出かけました。その夜、家に戻ってから彼を再び外に連れ出しましたが、朝よりもずっとちゃんと立てるようになっていました。あのヒーリングが本当に効いたので、私は喜びました。そして、その晩、もう一度彼にヒーリングをしました。

翌朝には彼はすっかり元気になっていて、私が外に連れていくと、ゆっくりと数十センチ歩いて、自分のいつもの場所を見つけました。彼が足を上げようとしているのがわかりました。一週間もたたないうちに、彼は元通りになったのでした。

これはもうずいぶん昔のことで、その後、チョップチョップは股関節異形成を再発しませんでしたし、他の病気にもかかりませんでした。今では、そのときの彼は私に貴重なレッスンを与えてくれるために、自分の体を自発的に差し出したのだと思っています。生きとし生ける者すべてに希望と光と癒しを与えるために、そして、宇宙のヒーリング・エネルギーがそこにあるということを私に教えるために、です。それが、その後、私がやり続けたことですから。

私がするのがヒーリングであれ、ペットとのコミュニケーションであれ、セッションでは必ず癒しが起こります。頭と心が癒されることは、肉体の癒しと同じように重要です。そして、ペットが亡くなってからは気持ちの締めくくりが必要で、顧客が電話してくるときの対話は、いつもヒーリングになります。

私にできることは、顧客が自分のペットを理解する機会を提供することだけです。つまり、動物たちの好ききらいを飼い主に知らせ、動物たちの性格と、彼らの生活や家族に対する姿勢を、飼い主に垣間見《かいま》させてあげることだけなのです。

以下の最初のエピソードを読んでいただければわかるように、動物たちは、自分の周りのすべての人や動物について、何か言いたいことがあるのです。

ジョナサン――ペットが不安に思うこと

土曜のことでしたが、私が自宅でガレージセール(訳注＝中古品の安売り)をしていると、電話が鳴りました。顧客の一人が、十一歳のミニチュアダックスフントの「ジョナサン」のことが心配で、電話をかけてきたのでした。その犬はリビングルームの真ん中で、筋けいれんを起こしていたのです。

私は、そのときに自分がやっていたことを脇にやり、意識を集中するのは大変でしたが、電話で話しながら、できるだけのことをしました。ジョナサンのママに、私といっしょに意識を集中するように頼み、ジョナサンが元通りバランスのとれた状態に戻れるよう、誘導ビジュアライゼーション（視覚化）を行いました。

犬のジョナサンは緑の牧草地と大木のイメージを私に送り続けたので、彼のママに、彼を公園に連れていってあげるように頼みました。

「彼のお気に入りの毛布を持っていって、一時間ほど木陰で横にならせてあげてください。後でもう一度お電話くださいね」

ジョナサンのママはその日の午後遅くに電話をかけてきて、何度も感謝の言葉を口にしました。

「この一ヶ月の間、ジョナサンの調子がこんなに良かったことはありませんでした。あなたに直接お会いしたいんですけど」

ジョナサンとママが来ると、私たちはジョナサンが抱えているさまざまな心配事について話し合いました。彼が一番心配なのは、ママがまもなく別の州に引っ越すつもりだということでした。そのために彼はストレスを感じて、慢性的に筋けいれんを起こしていたのでした。彼としては、引っ越しという変化をもう少しスムーズに経験できるよう、詳細を知りたかったのです。そこで、ママと私で、彼に引っ越しについて説明しました。

それからしばらくして、ママから電話があり、彼の筋けいれんもおさまって、二人とも大きな変化に対する心の準備ができたと話してくれました。

私は、授業やワークショップを行うときには、「ヒーリング」を生命の原理として理解してもらえるように努めます。聖書には、私たちはみな、自身のうちに「神の火花」を持っていると書いてあります。この神の火花は、私たちが神、宇宙エネルギー、道、ありてある者などと呼ぶものの一部です。私たちは、それによって宇宙とつながっていますし、また互いにつながり合っているのです。この崇高なエネルギーは、他者のために役立たせることができます。私たちが何の見返りも期待せずに、他者のためになることをするとき、実はそれによって、ずっと多くの報いを受けるのです。だから私は、動物のために何かをするときにはたくさんの愛で報いられるので、それが自分の人生の使命の一つであるということをまったく疑っていません。

プロのヒーラーを呼ぶことが、実用に適するとは限らないので、本章の最後に、みなさんがご自分でできるヒーリング手法をご紹介しています。必要なのは、次の話からもわかるように、愛、正しい意図、集中力、それに想像力です。

シャドウ――動物にも効くハンドヒーリング

私は二歳のグレートピレニーズの「シャドウ」を訪問しました。シャドウのママのアンが、最近、彼女の様子がおかしいと言って心配して、連絡をよこしたからです。

「シャドウは最近、人に会ったりいろいろな場所に行ったりするのを喜ばなくなり、家に帰りたがって、クンクン鳴いたり私を足で叩いたりしますの。いったい何があったのか、知りたいんです」

セッションの二、三日前、シャドウに「話をしに行くから」というメッセージを送っておいたところ、その甲斐あって、私が着いたときにシャドウは正面玄関で迎えてくれました。そして、すぐに撫でさせてくれました。私とシャドウはいっしょにいると、お互いに安心できました。私たちが抱き合ったとき、シャドウは私の体と髪の匂いを徹底的に嗅ぎました。アンは、私がひざまずいてシャドウと話しているのを見て、びっくりしていました。「信じられませんわ。シャドウはいつもお客さんに飛びつき、自分のおもちゃを持ってきて、遊んでくれるようせがむんですが」

「シャドウは私がここに〈話をしに〉来たのであって、遊びに来たのではないことをわかっているんです」と私が話すと、アンは当惑して聞きました。

「あなたに飛びつかないよう、シャドウにおっしゃったんですか?」

私は微笑んで答えました。「いいえ、そんなことは言っていませんわ」

私たちはしばらくの間、シャドウが最近抱えている問題——別離不安症、カーペットや他の物をだめにしてしまったこと——について話しました。すると、シャドウが、「四肢が全部痛いけれど、特に右側のお尻と膝のあたりが痛い」と私に向かって不平を言ってきました。それを伝えると、アンは、シャドウは一歳のときに「左」の膝を手術したのだと説明してくれました。シャドウの睡眠の話になったとき、シャドウは今度は愚痴をこぼしました。「骨が痛くてちゃんと横になれないの。一晩に数回も目覚めては、痛くないように姿勢を変えなきゃいけないの」

シャドウは次に、後ろ足で立って他の犬たちと遊んでいる姿のイメージを送ってきました。それはまるでレスリングをしているようでした。アンがそれについても説明してくれました。「それはリード（綱）をつけなくていい公園に連れていったときに、シャドウがしたがることだわ」シャドウがなぜこのイメージを送ってきたのかが、私にはわかりませんでしたが、もう荒っぽい遊びはできないとシャドウから説明されて納得しました。私はアンに、動物病院でシャドウに健康診断を受けさせるよう勧めました。

それから一ヶ月もたたないうちに、アンが電話してきました。「シャドウを午後の間、楽しませようと思って、リードをつけなくていい公園に連れていきましたの。シャドウはすぐに、以前いっしょに遊んだことのある大きなジャーマンシェパードの友達を見つけました。ところが、二分後には大きな声でキャンキャン吠え、後ろ足で飛び上がって地面に倒れたんです。急いで獣医に連れていきましたが、右の膝《しっ》蓋骨が肉離れしていて、すぐに手術しなければならないと言われました。シャドウはずっと正しいことを言っていたんだわ。悪かったのは右足だったんです」

アンは続けました。「手術が成功するかどうかも心配ですが、彼女がちゃんと回復できるかどうかの方がもっと心配なんです。体重が六十八キログラムもあるし、二、三週間は歩けなくなりますから。もう一度シャドウに会いに来てくださいます？」

私がアンの家に着くと、シャドウが三本の足で立って尻尾を振りながら、私を待っていました。

（上）膝の痛みを訴えている白いグレートピレニーズのシャドウ。（左）シャドウがセッションの後で、私に「抱擁」させてくれている。

すぐに私に気づき、足を引きずりながらソファのところまで来て、寝そべりました。右の後ろ足の毛が剃ってあるのが見えました。太ももの上の方から膝まで、まっすぐに切開してあって、傷口はほとんどくるぶしまで達していました。何ヶ所もステープリング（訳注＝ホッチキスのようなもので止めること）をして傷を閉じ合わせてあり、少し腫れていて、痛そうでした。

シャドウはアンにたくさんの質問をしました。最初に、なぜ手術が必要だったのか。それから、なぜこんな苦痛に耐えなければならないのか。どれくらいすれば抜糸できるのか。いつになったら外に出られるのか、等です。

シャドウは、かなり重い体重を三本の足で支えるのに慣れていないので、背中が痛いと訴えました。外の騒音についても愚痴をこぼしました。「何かが打ちつける音が気になって休めないの」アンが説明しました。「雨が煙突にボトボト落ちていますの。何ならリビングルームに移ってもいい、とシャドウにおっしゃってください」。シャドウが答えました。「今は駄目。すごく疲れてるの」

私はアンに、光のエネルギーを活用して、手かざしヒーリングをする方法を説明しました。想像力を働かせながら、光のエネルギーをシャドウの体に送るという方法です。まず、私たちはいっしょにやり、それから彼女に、一日に二回やるようにと頼みました。次のように付け加えることもしました。「今度獣医のところに行ったら、思ったよりも早くよくなっていると言われるかもしれません。そう言われたら、あなたのやっていることが効果があったということです」

アンが精を出してこれをシャドウに行ったところ、私が予言したように、シャドウの予想よりも早い回復ぶりが、獣医と看護婦を驚かせることになりました。

動物が手術やけがの痛手を克服するのを手助けできないか、と多くの人から尋ねられます。そこで、アンに紹介したヒーリング手法を、みなさんにもお教えしたいと思います。ただし、これは獣医の治療の代わりになるものではなく、それを補うだけのものなので、その点は注意してください。あなたのペットが病気になったり、けがをしている場合には、必ず獣医に相談するようにしてください。

ヒーリング・マニュアル

まず、動物の前に静かに座り、目を閉じます。深呼吸を三回しながら、息を吸うたびに鼻孔から宇宙のヒーリングの光を受け取っているところを想像してください。呼吸するにつれて、エネルギーが肺の中に蓄積し、そこから胃に送られます。中国のマスターたちは、へそから八センチほど下で、そこから中へ六センチ入ったこの場所を「丹田《たんでん》」と呼んでいます。ここはあなたのオーラの中心点で、内部エネルギーがバランスする部位であり、地球とつながるための基点でもあります。

ゆっくりとリズミカルに呼吸を続け、両掌《りょうてのひら》を上に向け、肘を体から離し、指は「なぜ？」というジェスチャーをするような感じで、前方外側に向けます（イラスト参照）。指先がちくちくするか、両掌が熱くなるまで、エネルギーを吸い込み続けます。エネルギーが自分の頭頂《とうちょう》から入ってきて、体の中をずっと下がっていくこともあります。次に、掌を下に向けて患部に軽く触れ、ヒーリング・エネルギーをペットに注ぎます。マッサージも愛撫もせず、ただ手をかざすだけにします。このヒーリングのぬくもりが自分の体からペットの体へと放射されるのを感じてください。

エネルギーの移動が起こっている間は、あなたは単に光のチャンネルであり、テレビのアンテナみたいなものです。このエネルギーはいつも私たちの周りにあります。あなたがするのは、そのエネルギーを、一番必要な場所に移動させることだけです。

これを両手でやりながら、たくさんの妖精たちに助けられるところを想像してください。妖精たちは精霊の世界からのボランティアであり、あなたが他者を助けるときには、いつも彼らに役立ってもらうことができます。『ガリバー旅行記』の、リリパットの町民全員で海辺に行き、そこに眠っている巨大なモンスターを縛ろうとする場面を思い出してください。これこそが、あなたに思い描いてもらいたいイメージです。

ただし、多数のボランティアたちは、光でできた器具で武装しています。最初の大隊は光でできた針と糸を持っていて、縫合箇所をよく調べてから、傷が完全に閉じて迅速

に治るように縫い合わせます。二番目の大隊は光でできたスポンジで武装していて、これを傷口に押し当てると、光が浸透して治りが早くなります。三番目の大隊は愛と光でいっぱいの小さな注射器を持っていて、これを筋肉に注射すると、筋肉が大きくなって伸び、再びしなやかになります。四番目の大隊は盾を用いて光を免疫系に反射させて、免疫系を再活性化させ、そうすることで赤血球を増加させます。

これらのイメージをできるだけ長く維持します。普通は、十～十五分間維持できれば十分でしょう。ビジュアライゼーション（視覚化）をもはや続けられなくなったら、妖精たちの努力に感謝して解放してあげましょう。あなたが信じる人――聖なる霊であれ、天であれ、あなたの神であれ、道であれ――に対して感謝し、あなたは万物にとっての最高の善のために、これを行っているのだと言い添えましょう。そして、あなたが行っていることの価値を認めましょう。

これは、何もせずにただ待つのではなく、最愛のペットのために何かをする手段をあなたに提供してくれる、すぐれたビジュアライゼーション手法です。また、目下の任務に意識を集中し、自分が期待する最終結果に焦点を当てることで、あなたの気持ちも落ち着きます。

瞑想はいつだってすぐれた手段であり、すべては瞑想から始まります。私は自分の顧客や生徒のみんなに、いつも同じ時間に同じ場所で、少なくとも十分間の瞑想を、毎日一回は行い、新しい覚醒につながる道へと踏み出すように勧めています。

瞑想とは、あなたのハイアーセルフがあなたに言う必要があることを聞くためのものであって、それ以上の意味はありません。何もせず、何も考えず、高次の源泉《ソース》から情報を受け取ることのできる状態が瞑想状態です。瞑想にはいろいろな方法がありますが、中でも一番良いのは、深呼吸をして呼吸を数えることです。あるいは、ろうそく、暖炉の炎、草、花びら、波の泡など、一つの物に意識を集中するという方法もあります。瞑想は、いつでも、どこでもできます。

第2章　ペットにもある名前の好み

私たちは、人間や場所、動物や植物を識別するのに名前を使います。あなたが生き物に名前をつけることで、その生き物とあなたが共鳴する特質と波動を認めていることになるのです。一方、自分の名前が大きらいで、大人になると変えてしまう人がいます。友達や家族があなたにニックネームをつけてくれる場合もあります。そのニックネームで呼ばれることになじんでしまうと、そのニックネームを通称として、本名の代わりにしてしまう人もいます。

アメリカ先住民はかつて、自然現象にちなんだ名前を子供につける習慣を持っていました。たとえば、自然や動物に見受けられる特質になぞらえたり（流れる小川、俊足の鹿など）、出産時に起こった出来事をつけたり（暗い嵐雲など）、赤ちゃんの外見からとって名づけたりしました（微笑む目など）。

オーストラリアのアボリジニーには、さらに素晴らしい習慣があります。子供たちは誕生時にはもちろん名前をつけられますが、成長して誕生時の名前が合わなくなると、もっと適切な名前を選ぶのです。中には、知恵と創造性と目的意識が強まるにつれて、一生の間に数回名前を変える人もいます。たとえば、ウォーター・サーチャー（訳注＝アボリジニーは時折森林の中を歩き回る生活を送るが、そのときに先頭に立って食物と水を探す人）、次にハーブ・コレクター（薬草採取者）、続いてアニマル・ヒーラーといった具合に。

ところがペットの場合、私たちがつける名前に彼らは意見を差しはさむことができません。中には、つけられた名前をきらっているペットもいます。私にわかるのはペットが言うことだけですが、彼らはたしかに自分の名前について、いろいろなことを話しているのです！

黒猫の双子――「クソなんて名前はきらい」

一九九八年の夏、私は二匹の猫の飼い主と話をしました。この猫たちは、まったく違う両親から生まれたのに、よく似ていて、まったく双子のようでした。どちらもオスで、被毛は黒くて短く、目は明るい緑色をしていました。一匹はディンゴリンという名で、もう一匹はリトル・シット（かわいいくそ）という名でした。

リトル・シットにコンタクトしたとたん、彼は私に言いました。「こんな忌々《いまいま》しい名前をつけられて、僕はいやでいやでしょうがないんだ。まったく腹が立つよ。ママはずっと、僕にひどい嫌がらせをしているんだとばかり、思ってきたよ」

ママが「ごめんね。これからはリトル・ベイビー（かわいい子）と呼ぶわ」と言っていることを伝えると、「どんなに謝ってもらっても、自分の傷ついた心は癒されない」と彼は言いました。また、「リトル・ベイビーという名もあまり気に入らない」とも言っていました。いずれにせよ、私はママに、これからは絶対に彼のことをリトル・シットとは呼ばないようにと、重々念を押しておきました。だって、彼はこのことを真剣に訴えていましたから！

ママは実は、もう一匹の猫ディンゴリンのことをもっと心配していました。ディンゴリンは腎不全で死にかけていたのです。リトル・ベイビーは自分の件が片づくと、窓の方に頭を向けてしまい、それ以上の情報は何も送ってよこさなくなりました。「彼の番だよ」とだけ言ったので、私は彼の兄弟と話すために向きを変えました。

ディンゴリンは三日間の入院から戻ったところで、生きたいという気持ちを強く持っていました。ディンゴリンは家もママも好きでしたが、自分の名前だけは気に入っていませんでした。体調がひどく悪いために、水を飲みませんでしたし、名前を呼ばれても、それに応じる気にはなれませんでした（温かい抱擁が待っているのはわかりましたが）。

予備の寝室に引きこもり、一日のうちの大半はそこに隠れていました。餌や水もろくにとりませんでした。愛情がほしいときだけ寝室から出てくると、できるかぎりの伸びをして、右手でママの顔を触りました。これは「構ってくれてもいいよ」ということを示す合図でした。

私はママ自身も腎臓障害を抱えていることについて、ママと話をしました。ペットは私たち人間の病気を引き受け、私たちの感情を鏡のように映し出すこと、だから、私たちが自分の心や体の状態に気を配っていれば、それは同時にペットのケアをすることにもなるのだと伝えました。ママはこの話を理解し、ただちに行動を起こしました。三ヶ月後に電話すると、二匹の猫はすっかり元気になっており、スウィーティーとディニという自分たちの新しい名前を気に入っていました。

＊

私たちは時折、ペットにつける名前に少々こだわりすぎるきらいがあります。ペットと話してほしいという依頼を何度も受けている顧客の一人に、自分のペットに有名人の名前をつける飼い主がいます。私には理解できないのですが、彼女のウサギたちは、サミー・デイヴィス・ジュニア、ディーン・マーチン、ジョーイ・ビショップという名前をつけられていますし、二匹の猫の名前はピーター・ローフォードとフランク・シナトラ（女の子なのに！）です。理由を尋ねたら、彼女はこう言いました。「主人と私は〈ラット・パック〉（訳注＝フランク・シナトラと取り巻きたち）の熱烈なファンなのよ」

アンバー――ペットの意向をくむことが大切

ジーンは、二匹の美しいヒマラヤン（メス）といっしょに暮らしていました。一匹は一歳半くらいでビューティ・エミリア・ハントレス（美しい狩りをするエミリア）という長い名でしたが、この猫は自分の名前を気に入っていて、ママがこの名前をつけたのがいかに正しかったかを示すために、綿毛でおおわれたおもちゃのネズミを走り回って捕まえたものでした。ある年のクリスマスには、ママが本物のネズミをくれました。彼女はネズミを食べませんでしたが、それで何時間も遊びました。

生後五ヶ月半の子猫の方は、スモーキー・アンバーという名前でした。スモーキーに近づいたとき、私は、彼女が美しい目ではあるけれど、色は琥珀色（アンバー）ではないことに気づきました。私はママに尋ねました。「ブルーの目なのに、なぜアンバーと名づけたのですか？」

かつてはスモーキー・アンバーと呼ばれていたアンバー。

ママは言いました。「スモーキーは、私がいろいろな名前を声に出して言ってみている間、前に寝そべっていましたが、私が〈アンバー〉と言うと彼女が顔を上げたのです。だから、彼女がこの名前を気に入ったのがわかったんです」

猫たちと話をしたら、その話が本当であることを確認できました。ジーンはさまざまな名前を試して、猫の反応を待つというところまでは正しくやっていたのです。でも最後の瞬間に、彼女は「自分が」好きな名前であるスモーキーをファーストネームにしてしまったのでした。

というわけで、このときから、猫自身が好きなアンバーをファーストネームにして、アンバー・スモーキーと呼ぶことにしました。

レイディー——思いもよらない離別

飼い主がいかにペットにぴったりの名前だと思っても、ペットがその名前を気に入らないこともあります。私の犬の場合がちょうどそうでした。私は、長い間シーズーの交配をしてきたので、彼らが人間の子供とも大人とも、あるいは他の動物とも、うまくやっていけることを知っています。彼らは膝に乗せるのにちょうどよい小型の愛玩犬で、撫でられたり触られたりすることを好みますし、そばに置いておくのにも最適です。

前述のチョップチョップが一歳のとき、私はメスのシーズーを連れてきて、プリンセス・タチアナと名づけました。彼女はすぐにチョップチョップの生涯の伴侶になり、今でもそうです。彼らはまるで夫婦のようです。互いに触れ合いながら眠り、いっしょに出かけ、いっしょにソファに登り、同じときに食事をし、毎日互いをなめ合います。

彼らの子供の中に、いっしょに生まれた他の子犬よりも小さい犬がいました。彼女の色合い——白と金色——はシーズーには珍しかったので、私は彼女をとっておくことにし、レイディー・マドンナ、略してレイディーと名づけました。

生涯の伴侶のプリンセス・タチアナといっしょのチョップチョップ。プリンセス・タチアナの頭の上に自分の頭をのせて眠っている。

二年後、私のところには、三匹の成犬と、離乳の近づいた八匹の子犬がいました。私たちは、知り合いや獣医に声をかけて、まもなく里子のリストができました。ある日、突然、二歳になったレイディーが私に言いました。「私が特別な存在になるときが来たわ。人間の膝を他の犬と共用する必要のない素晴らしい家庭を見つけたいの。私は一人っ子になりたいの」

私は、彼女の言うことに耳を傾けながら、胸が張り裂けるような気持ちになりましたが、そういう家を探してみると約束しました。いいえ、正直言うと、約束しませんでした。彼女を愛していたので、手放すという考えに耐えられなかったのです。そんなことがどうしてできるでしょう？　私の可愛い子の新しいママになる誰かを面接するという考えと悪戦苦闘しましたが、広告を出すことを考えると、考えつくのは「無料で良い家庭に進呈」という、ぞっとするような文句だけでした。二年間の愛情に値をつけることなどできるはずがありません。

この頃、レイディーは、すでに避妊手術を受けていました。彼女がはじめての子犬を産んだとき、じっとして子犬に授乳させることをせず、子犬たちの体をきれいにしようともせず、何時間も姿を消したので、彼女のママのプリンセスが孫たちの体をきれいにしなければならなかったのです。だから、レイディーは良い母親候補ではないと判断した私は、彼女を避妊させたのでした。

私は、彼女がいなくなるという考えはすべてやめました。でも、それも、関係するすべての人間と動物にとって最良の利益になるのは何か、宇宙が私よりもよく知っているということが証明されるまでのことでした。ある日、ウッドブリッジ夫妻が、子犬を探して電話をかけてきました。私は彼らに、うちには八匹いると伝え、うちへ来るよう招きました。

ウッドブリッジ夫妻と彼らの息子とヨーシー。

彼らが着くと、私は子犬を見せ、私たちは彼らのことや世話の仕方について30分くらい話をしました。突然、夫妻が私に尋ねました。「大きめの犬を見せていただけます？」（後で主人が、夫妻が道順を聞くために電話してきたときに、レイディーのことを話したが、私が知ったら怒るだろうと思って、私には何も言わなかったと言いました）

私は呆然としました。そうして、はっきりとした思考がほとんどできないまま尋ねました。「なぜ大きめの犬がお入り用なんですか？」

ウッドブリッジ氏が説明しました。「私はすでに退職しているので、ほとんどずっと家にいますが、子犬を育てる体力があるとは思えません。私たちは、三ヶ月ほど前に、可愛いメスのシーズーを亡くし、とても寂しくて家が空っぽに感じられるので、今度は私たちよりも長生きする若い犬がほしいのです。金色と白のシーズーを何ヶ月も探しましたが、見つかりませんでした」

私は、その色合いは見つかりにくいと言って同意しました。自分の感情がすっきりせず、とにかく外にいるレイディーに会うため立ち上がり、歩き始めましたが、一歩進むごとに後悔の念が湧き上がりました。しかし、ともかくも、外に出てレイディーと「話」をしました。「あなたに会いたがっている夫婦が、今、うちに来てるの。彼らが、あなたの探している家族かもしれないわ。でも、あなたに代わって私が決めることはできないし、決める気もないわ。彼らが、自分が望んでいる新しい家族だと思ったら、はっきりと私に教えてくれなきゃいけないわ。その場合だけ、あなたを手放すから」

彼女が同意したので、抱き上げて抱擁し、彼女のことをどんなに愛しているかを伝え、家に連れて入りました。彼女をリビングルームの床に降ろすが早いか、彼女は嬉しそうに夫妻の匂いを嗅ぎはじめました。ソファに飛び乗って奥さんのところへ行き、それから飛び降りてまた飛び上がり、もう一つのソファに座っているご主人のところへ行きました。五分くらい、夫妻の間を行ったり来たりしていましたが、その間、私は、ただ頭をいっぱいにするためだけに無意味な会話をしていました。

次にレイディーがしたことは、本当にショックでした。ご主人の膝に座りながら、ゆっくりとおどおどしながらではあるけれど、意図をもって彼の顎を二回なめたのです。さて、彼女は人をなめたことは一度もありませんし、ましてや顔をなめることなど絶対になかったので、これは彼女にはきわめて珍しい振る舞いでした。次に、彼女は、永遠とも思われる時間、私を見つめました。それからご主人を見上げ、もう一度彼をなめて彼の膝の上に丸くなりました。（原注＝このレイディーらしからぬ振る舞いについての深い説明は第3章を参照）

私は彼女が夫婦を認めたことを示す紛れもないサインを求め、それを受け取ったのでした。打ちひしがれながらも、試しに一週間彼女を連れて帰って互いに気に入るかどうか確認してよいことに同意しました。

ウッドブリッジ夫人が私に尋ねました。「新しい名前をつけたら、レイディーは嫌がるでしょうか？」

私がレイディーに尋ねると、彼女はこう言いました。「今の名前はあまり好きじゃないから、新しいのをつけてもらったら嬉しいわ」

かつては私のいとしいシーズーのレイディーだったヨーシー。

私がこれを伝えると、ウッドブリッジ夫人は言いました。「最初の犬にちなんでヨーシーと呼びますわ」

新しいヨーシーは名前を気に入っただけでなく、その一週間が終わるまでに、新しい両親に選んだ二人の人間の心を盗んでしまっていました。彼女は、本書を執筆している現時点で、夫婦の生活になくてはならない存在で、夫妻がどこに行くのにも……朝のシャワーにもついていきます！

ヨーシー、「手放す」という素晴らしいレッスンをしてくれてありがとう。あなたは、新しい両親に新しい名前をつけさせることで、あなたの愛によってしか超えることのできない親近感を彼らに与えたのね。これを私に教えてくれたことにも感謝するわ。

ブッチ――「それは僕の名前じゃない」

「ナオミと犬のジョーイです」と、私のアシスタントが大声で告げました。土曜の朝のことで、私は、「品種の適合」、「服従テスト」、「犬の善良な市民証明書」などの、地元のアニマル・トレーニング・クラブの資金調達イベントについて協議していました。

ジョーイは五歳になる大きなオスのロットワイラーで、私を熱心に見つめました。座りながら、本当に微笑む犬もいるということを信じさせる、あの馴染みのあるニヤニヤ笑いを私に向けました。私が目を閉じてコンタクトするが早いか、ジョーイがはっきりと言いました。「それは僕の名前じゃないよ！　女々しい名前だから、僕はその名前にはどうあっても反応しないんだ！」

ママは自分の犬が、名前のことで断固として主張していると聞かされてびっくりし、口が利けませんでした。私は彼女に尋ねました。「彼の本当の名前は何というんですか？」

彼女は、それをしぶしぶと口にしましたが、声に出して言うのすら、努力が必要なくらいでした。「ブッチですわ。でも、私はこの名前がきらいなので、ジョーイに変えたんです」

「あら、それはお気の毒ですわ。彼はその名前がきらいだから、服従を教える授業で協力するのを拒んでいるんです。彼とはもうどれくらいいっしょに暮らしてらっしゃるんですか？」

「二ヶ月弱ですわ。ショーで会った人から彼を譲り受けたんです。飼い主がもう飼えないので、私が彼を受け入れることに同意したんです。最初にやったのは、新しい名前をつけることでした。二番目にやったのは、服従を教える授業に参加することでした。彼はトイレのしつけがちゃんとできていますし、従順で気立てがよいのですが、服従練習でちゃんと注意を払いませんでした。あなたがここにいらっしゃることをクラブのニューズレターで読んだとき、あなたなら彼に質問をして、彼が何を考えているかわかるのではないかと思ったんです」

私がブッチに何を考えているのか尋ねると、彼は言いました。「僕を居心地よくしてくれているので、ママにとても感謝したい気分だよ。ママがこれまでに大型犬を世話した経験があるのがわかると、ママに言って。僕に特別なことをしてくれてるから、わかるんだ。床の方に首を伸ばさなくていいように餌入れを高くしてくれているのは特にそうだよ。ママの僕の扱い方と僕を尊重してくれていることから言って、幸せになれて愛されていると感じられる家を見つけたのがわかるよ。それこそ、僕のほしかったものだからね」

ナオミが笑って言いました。「私に感謝しているなんて、信じられませんわ。でも彼の言ってることは正しいですわ。私はたしかに、大型犬、それも特にロットワイラーの世話をした経験がたくさんあるんです。それに、ええ、彼が食べやすいように餌入れと水入れを高くしていますわ。だから、彼の考えに理解を示すなら」と彼女は笑って付け加えました。「ブッチに戻すのがいいようですわね」

彼女が彼を思い切り抱きしめるのを見ながら、私は長期にわたる愛情深く理解ある関係が始まったことを理解しました。


ペットと名前とは、実際どういう関係があるのかと思われるかもしれません。彼らの名前を口にするときにあなたが出す音よりもはるかにずっと重要なのが、あなたがその音を出すときにペットに対して放射するエネルギーです。なぜなら、動物たちはほとんどの人間よりもずっとエネルギー感度が高いからです。だから、彼らはその音にある種の感情を関連づけるようになるのです。リトル・シットに紹介されてその名前を聞いたとき、軽い嫌悪感が無意識のうちに私を駆け巡りましたが、それはその猫が自分の名前に対して感じて関連づけるようになったものです。

私の編集者のトニーは犬を二匹飼っています。年上の方はシヴァという名で、古くからある魂を持った、気高い黒のラブラドールです。もう一匹は、ルイーという名の、遊び好きで若い魂のラブラドールとピットブルテリアの雑種です。トニーは、シヴァの名前を口にするとき、尊敬と畏敬のエネルギーをシヴァに向かって放射します。ルイーの名前を口にするときは、軽くてまぬけな感じのエネルギーを放射します。どちらのエネルギーもぴったりなので、どちらの犬もトニーが注意を引くために出す音を喜んでいます。

シヴァは、ペットというものが、私たちが信じているよりもずっと多くを知っているということを、実証してくれたことがあります。トニーはシヴァの体の一部の毛が抜けていることと、シヴァがその禿げた部位を掻くのを心配していて、獣医にも私にも、そのことを尋ねました。シヴァを検査した後で、獣医は言いました。「おそらく食物アレルギーでしょう。特別処方の低たんぱく食を二週間試してみて、改善が見られるかどうか見てみましょう」

同じ頃、シヴァが獣医に行ったことを知らされていなかった私は、シヴァと「話」をし、抜け毛のことを尋ねました。彼は私に言いました。「食べている物に対するアレルギーなんだ。たんぱく質が多すぎるんだろうから、トニーは僕の食事を変えるべきだよ」

トニーは私の仕事のやり方をいつも信じてくれていましたが、これが確認されたことで、絶対的に私のやっていることを信じるようになりました。一方、シヴァはというと、彼は新しい食事が大好きで、すぐに掻くのをやめたため、二、三日後にはもう毛が生えはじめたのでした。

第3章　動物に魂はあるのか

いくつかの宗教では、すべての人間は光の存在であり、永遠の魂を持っているとしています。そして、魂は死後も続き、完全になるまで成長するために、さまざまな性格を帯びて、新しい肉体に宿るというのです。そのようにして転生するたびに、元いた聖なる根源へと戻っていると。

歴史を通じて、世界の宗教は、動物に魂があるかどうか、議論してきました。ジャイナ教など東洋の宗教の多くでは、動物の魂はすべての面で人間の魂と同じだとしています。他方キリスト教などでは、高潔な人間だけが不死の魂を持っているとしています。

ユダヤ教では、魂にはさまざまなレベルがあると言っています。一番低いレベルの「ネフェシュ」は動物の魂で、死とともに消えていく、呼吸して機能を果たしている部分です。人間のためにとってある魂の一番高いレベルは「ネシャマ」で、これは神とつながっていて、永遠に生きる霊的な部分です。

仏教徒は、「カルマの糸」、「命の鎖」、「あり方の絶え間ない更新」などという言い方をします。彼らは、岩であれ、犬であれ、アリであれ、人間であれ、すべての生命には知性と有用性があると信じています。動物たちも人間と同じ生を生きていて、人間と同じく霊魂があるとされています。

多数の宗教が人間は動物よりも霊的にすぐれていると信じており、このことが、人間が動物界と環境を扱うやり方に大きな影響を与えています。至高の領域から動物を引き離してしまったため、彼らを食物やファッションや医学実験やスポーツに使いやすくなったのです。動物には魂がないというこの概念は、「これに海の魚と、空の鳥と、家畜と、地のすべての獣と、地のすべての這うものとを治めさせよう」と言っている聖書の創世記第一章二十六節によって支持されました。けれども、「統治」という言葉は、「交流する」という意味のヘブライ語の根語 yorade から来ています。

聖書が私たちに、動物たちを統治するのではなく、彼らと交流せよと言っていたなら、その後の世紀に動物たちに何が起こっていたか、少しの間考えてみてください。

最愛の動物の死を悼むペットの飼い主が、相談に来て、こう尋ねることが何度もありました。「彼にまた会えるかしら？　彼には魂があるんですか？　天国に行くんでしょうか？　また私のところに帰って来るでしょうか？」

私が知っているのは、動物たちが私に言うことだけです。一般に、動物が地球上にいたときの性格のエッセンスが私たちの周りに残るので、彼らの死後も交流できます。そして動物たちはあの世で、自分が愛した人間の魂に会ったり、いっしょに暮らしたりすることもよくあります。さらに彼らはいつも周りにいて、自分の感情が私たちに伝わると喜ぶのです。

彼らの多くと話をしてきた私は、肉体の死後に彼らが行ってとどまる場所、波動、ないしは存在の仕方があることを、まったく疑っていません。彼らはその場所を描写できますし、自分がそこにいる理由を知っていますし、自分がこの地球にいる目的も、あの世へ渡ってからの目的もわかっています。

次の話からわかると思いますが、すべての動物はれっきとした一個の存在であり、それぞれが自分の見解を持っています。

シンバッド——生まれ変わって戻ってきた猫

二、三年前、二十一歳にもなる猫の飼い主だったポールに会いに行きました。それはシンバッドと呼ばれていたその猫が、三日前に亡くなったことで私に電話してきて「死後の霊と話をして許しを請えるなら、少しは気分が楽になるのですが……」と、何か後悔している様子だったからです。

その日は南カリフォルニアの典型的な美しく晴れた日で、海岸沿いの明るく風通しのよい小さな家は、快適でした。私は、美しいヒマラヤンで、ブルーの目をしたシール・ポイント（耳や足先が濃褐色）のオスのシンバッドが、その生涯の多くの時間を寝そべって過ごしたソファに座りました。もう一匹のヒマラヤンで、十七歳のメスのスターは、内気で私の訪問を喜ばず、コーヒー・テーブルの下でうたた寝していました。

ポールは私に、友人や同僚から受け取った何十通もの悔やみの手紙やカードを見せました。彼はそれをすべてキッチンのテーブルの上に広げて、真ん中にシンバッドの写真を飾っていました。人目をはばからずに泣いていて、明らかな苦悩を隠す努力もしませんでした。私の職業について少し知っていたポールは、こう言いました。「シンバッドにちょっと説明したいことがあるのと、彼がいなくてどんなに寂しいか伝えたいんです」

シンバッドはまだ家の周りにいて、その存在感がとても強かったので、私にはすぐに彼の姿が見え、声が聞こえました。彼は、ポールの悲しみが引き止めていたので、先に進むことができずにいましたが、魂の領域を垣間見てきていたので、私にこう言いました。「鮮やかな光と色でいっぱいで、僕がこれまで見たこともないし、言葉で言い表すこともできない、きれいなところだよ」

それを聞いたポールは、シンバッドに他界した友人のリックに会ったかどうか尋ねてほしいと言いました。「うん、ちょっとの間だったけど」とシンバッドが答えました。「彼は僕よりも波動が高いから、とても忙しいんだ」

ポールが促したわけでもないのに、シンバッドは自分の最後の数時間について話しました。「しばらくの間、病気で、食事も水も拒んだんだ。ひどく疲れていたから、体を手放したかったんだけど、ポールは耳を貸そうとしなかった。彼は僕に無理に飲ませようとしたけど、食事については大したことはできなかった。僕はとてもとても疲れていたけど、今は自由だし気分がいいよ。僕はあの瞬間に逝くことにしたんだと、ポールに言って。彼が部屋を離れるのを待たなければならなかったんだ。そうしないと逝けなかっただろうからね」

取り乱したポールにこれを伝えると、彼は説明しました。

「僕は一日中家にいて、シンバッドのそばについていたんです。彼はどこかがひどく悪いのがわかりました。食べることも飲むこともしていなかったし、目が据わって地平線に固定されていいましたから。それから午後遅くになって、お客さんから電話がかかってきたので、事務書類の置いてある別の部屋へ行き、十分ほど電話で話しました。リビングルームに戻ると、僕がシンバッドを残していった場所に彼がいなかったんです。彼はソファから飛び降りて裏庭へ行き、レモンの木の下の冷たい土の上に横たわっていました。死んでいたんです」

一瞬気持ちを静めて、ポールは続けました。「あの電話にさえ出なかったら……リビングルームにずっといたら……」。「でも、それこそが、シンバッドが望んでいたことだったんですわ」と、私は彼に言いました。「彼は一人で死にたかったし、すばやく死ぬ必要があったんです。あなたの顔を見たくなかったし、あなたの心が痛むのを感じたくなかったんですわ。彼は、親愛なる友と自分の知っている家から離れて、一人静かに逝くために最後の努力をしたんですわ」

ポールがシンバッドの論旨を理解したのが感じられました。彼が尋ねました。「シンバッドは僕のところに戻ってくるんでしょうか？　もしそうなら、いつどこを探せばいいんでしょう？」シンバッドがただちに答えました。「うん、戻ってくるけど、ポールはしばらく待たなきゃいけないよ。僕はきれいなのが好きだから、まったく同じ品種にしたいんだ。時期が来たら心でわかるからと、彼に言って」

ポールがこれを吸収して納得しようとしている間、シンバッドは続けました。「ポールが眠っているとき、僕は枕の上に寝そべって、夢の中で彼と話をする努力をしているんだ。それから、以前のように、戸口に立って裏庭を見るのが今でも好きだよ。でも、何よりも、彼がスターに食事を与えているときにキッチンのあちらこちらへ舞うのが大好きなんだ」

私はこれをすべてポールに伝え、付け加えました。「シンバッドは、自分がもはや食物から栄養をとる必要がないという事実から分離することができなくて、今でもおいしい食事を待ち望んでいるんです。だから、自分が食事をする代わりに、あなたがスターの食事を準備しているのを見ているんですわ」

次にシンバッドが言いました。「ポールは守護天使に囲まれていると、彼に言って。実際、すごくたくさんいるから、彼の近くに行くのが大変なときもあるよ」。それと同時に、自分が友の方へと道を開いて行こうとして、「すみません、すみません、すみませ〜ん」と言いながら天使の大群の間を進んでいく滑稽なイメージをこのメッセージに添えました。

また、シンバッドは尋ねました。「スターはいつも超然としていて、自分だけのスペースが必要なんだとポールに言って。僕がもういないからといって、彼女が態度を変えることはないよ。彼女は自分の気に入るように愛情をかけてもらいたがるけど、それが彼女のやり方なんだ」

ポールはうなずきました。「ええ、彼の言うとおりです。スターは超然としていて、シンバッドとはまったく違います。それから、彼が夢の中で僕のところに来ようとしているというのは、当たっていると思います。ベッドに横になっているとき、シンバッドが枕の上で僕のそばにいるのを感じますから」

ポールはセッションに満足したので、私は彼とシンバッドにさよならを言いました。

半年後、ポールが大得意で電話してきました。「シンバッドの夢を見たんですが、目が覚めたとき、彼を探しに出かける時が来たと、なんとなくわかったんです。そこで、地元のアニマル・シェルター（動物避難施設）やレスキュー・グループ（動物救護団体）や動物愛護協会など、考えつくかぎり、ありとあらゆる人に電話しました。最後に、うちの近くのアニマル・シェルターに連絡しました。これを言うとお笑いになるでしょう。僕は、ヒマラヤンのオスで、シール・ポイントで、ブルーの目をしていて、去勢してあって、前足の爪を抜いてある、一〜二歳の猫がいないかどうか尋ねました」

これを聞いて、本当に私は笑いました。

「でも、驚かないでくださいよ」とポールは言いました。「電話の向こうの女性が言ったんです、『ええ、ちょうどそういう子がいますわ。見にいらっしゃりたいですか？』と。そこに着くのに十五分しかかかりませんでした。そして、その子を見ると一目ぼれし、家に連れて帰りました」

「すごいわ、ポール」と私は言いました。

「もっとすごいんです」と彼は言いました。

「最初の晩、僕はその新しい猫が、僕がテレビを見ている間、ソファによじ登って僕のそばの肘掛けで眠ることなど、シンバッドの習慣をすべて身につけているのに気づいたんです。翌朝も同じで、シンバッドがやっていたのとまさに同じことをしました。それに、スターが、家にいるその新しい猫が、まるで自分がいっしょに育った猫であるかのように、自分のことを普通にやっているんです。彼を一週間見守って、僕は彼が本当にシンバッドで、すべてがあるべき姿に戻ったことを確信しました。僕のところに戻って来たいというシンバッドの願いがとても強かったので、あなたが言ったように彼はそれを起こしたのだということを、お知らせしたかったんです」
「素晴らしいわ。おめでとう」
「ああ、それから、彼もシンバッドと名づけました」

新しいシンバッドが一歳を越えているのに、最初のシンバッドが亡くなってから半年しかたっていないのはどういうことかとお思いになるでしょう。これには二つの可能性があります。一つは、魂のレベルでは時間は無意味だということと関係があります。魂は、時の線上のどこででも、物質レベルにおける私たちにとっての歴史というものの中にすら、転生できます。ですから、シンバッドの魂が、あの世へ渡る半年前に転生していたというのは、まったく可能なのです。

二番目の可能性は、「入り込み（ウォークイン）」現象です。すでに体の中にいる魂との契約によって、その魂が体を離れて新しい魂が入り込むということが起こります。最初の魂は子猫としての生を経験したかっただけなのでしょう。だから、死か立ち去り（ウォークアウト）によって、体を離れる準備ができているのです。入ってくる魂は、ごたごたした子猫や子犬の段階を避け、若い成犬（猫）として生きていくことだけをしたいのでしょう（これは、進化した魂が長くて退屈な成長期を経験する必要がなくて、霊的な使命だけを進めていきたいときに、人間でもよく起こります。成長した体を持つことで、そうでない場合よりも、人生を速やかに進めていけるのです）。事故であれ、不治の病であれ、動物や人間が死の瀬戸際に立たされたときに多くの入り込みが起こります。すると、その人間や動物は奇跡的に回復します――これも、入り込みの証拠です。

動物たちは、自分の予定の他に、私たちを支えたり、ある種のレッスンを学ばせたり、飼い主の学びの速度を早めたり、もっと人間味を獲得させるためにも、入り込みをします。

レイディー——生きたままでも魂は入れ替わる

前章で、私のシーズーのメスの一匹であるレイディーについて話しましたが、彼女は入り込み／立ち去りの典型です。

私は、彼女の誕生を見守っていたので、彼女とはじめからずっといっしょでした。彼女の母親のプリンセスがへその緒を噛み切ることができなかったので、私が切らなければならなかったくらいです。二年の間、私たちは離れがたい間柄で、私は彼女を内面深くまで知っていました。内気で穏やかで、（彼女の両親に似て）シーズーにしては被毛が非常に短く、数えきれないほど多くの時間を私の膝の上で過ごしました。非常にゆっくりと食事をし、吠えることは決してなく、人をなめる、それも特に顔をなめることは絶対にありませんでした。

すでに見てきたように、彼女は「特別」な存在になれるよう、いっしょに住む別の家族を見つけたかったのです。ウッドブリッジ夫妻は、彼女を連れていってから一週間後に事務処理をすませるために戻ってきたので、私はレイディーに幾つか質問する機会がありました。

レイディーは自分の話をしてくれました。

「夫妻の最初の犬のヨーシーと契約を交わしたの。私は新しい家族を見つけたかったし、ヨーシーは疲れた体を解放したかったの。ヨーシーは自分が逝くときだとわかっていたけど、決断するのに支障を来たしていたの。あなたは私がきれいな赤ちゃんを産めると思っていたけど、私が最初の子供たちを産むと、私は母親でいることを楽しめないと確信し、私を避妊させたわ。ヨーシーと私は、彼女の魂がこの体に入り込めるよう、正しい瞬間が来るまで待ったの」

私は思い出さなければなりませんでした。レイディーは一九九七年六月三日に避妊手術を受け、ヨーシーはちょうど二週間後の六月十七日に亡くなりました。移行の効果がただちに現れるには、肉体が良好な健康状態になければいけないので、彼らが二週間待ったことは、私には道理にかなっていると思えました。そして三ヶ月後、夫妻が私の家にやって来てレイディーに会いました。このおかげでヨーシーの魂はレイディーの体に入り込むのに必要な時間をとれたのでした。だからこそ、犬は自分らしからぬ振る舞いをしたのです。レイディーがウッドブリッジ氏の顔をなめたとき、私はショックを受けましたが、あれはレイディーではまったくなかったことに、今、気づきました。ヨーシーの魂がすでにレイディーの体を占有していたのです。今、すべてつじつまが合いました。

二週間後、ロワ・ウッドブリッジが私に手紙をくれました。

モニカさん

ヨーシーが来てから十三日しかたっていませんが、彼女は完全になじんでいます。私たちが彼女を熱愛しているというのは、控えめな言い方です。彼女は本当に愛情あふれる可愛い子ですし、ずっといっしょにいたいようです。彼女とウッディ（ご主人のニックネーム）は完全な絆で結ばれています。彼が動くと、彼女も動きます。彼女は彼の行くところどこへでもついていくので、彼女のニックネームは「グルー（接着剤）」です。

私たちは子犬を探していましたし、大きめの犬を飼うことなど一考だにしていませんでした。サンベルナディーノからリヴァーサイドまでの地域と、ここら辺一帯をすでに探してしまっていました。あなたが、私たちが探そうと思っていた最後の方で、あなたのところに求める犬がいなければ、新しく子犬ができた人からの電話を待とうと思っていました。

ウッディと私は、レイディーをはじめて見たとき、私たちが以前に飼っていた犬と彼女がそっくりだったので、二人とも同時に同じことを思いました。それに、ソファに飛び乗ったとき、レイディーがウッディを見分け、彼のところへ行き、彼の膝に乗り、彼の目を見つめ、彼の顔をなめたという事実を誰が否定できるでしょう！　あのはじめての日に彼女を家に連れて帰るときも、彼女は車に乗り込み、少しも興奮せず、私の膝に落ち着き、うちに着くまで静かにしていました。まるで、私たちといっしょの新しい家を持てて嬉しい、と言っているようでした。不思議なのは、私たちがヨーシーを亡くすちょうど二週間前にあなたがレイディーを避妊なさったことですわ。

いずれにせよ、私たちがあの犬を飼うことになっていたこと、私たちが彼女を見つけられるようにすべてがうまくいったこと、それに彼女が自分は完全に満足しているとあらゆる方法で私たちに言っているということは、疑いようがありません。

それから一ヶ月後、もう一通の手紙を受け取りました。

ロワ

モニカさん

ヨーシーはまったく私たちの犬だとお知らせしたく思いました。彼女は、家と私たちのベッドと庭を引き継ぎました。彼女はうちの大きな庭がお気に入りで、まるで彼女だけのジャングルのようです。彼女は潅木《かんぼく》の下を走り回り、主人と鬼ごっこをしたり、主人がゴルフクラブで彼女の方へ打つプラスチックのゴルフボールを追って走ったりします。それから、彼女はお隣の猫に吠えます。

ウッディがうちに帰ると、彼女は狂気して喜び、彼に飛びつき、走り回り、おもちゃをくわえて彼のところに行きます。そして、彼は彼女を抱きしめて撫でます。それから、私も家に帰ると、同じあいさつを受けます。

彼女はとても愛情あふれる犬です。夜には、私たちのどちらかの膝に乗るか、私たちの足の上に寝そべり、就寝時間が来たらベッドの真ん中で寝ます。私たちはただただ彼女を熱愛していますし、彼女は主人にくっついています。私が彼女に「パパはどこ？」と尋ねると、彼女は生き生きとして私を見、急いで彼を探しに行きます。

いずれにせよ、彼女が私たちの犬になるはずだったということに私たちは疑いを抱いていません。それに、私たちといっしょにいて彼女がまったく幸せだということを、私たちはわかっています。あなたは彼女に正しい家を見つけたわけですわ。

ロワ

顔をなめたり、吠えたり、追いかけまわしたりするのはすべて、レイディーは決してしなかったことですが、ウッドブリッジ夫妻によると最初のヨーシーはやっていたそうです。このため、私は、ヨーシーの死からウッドブリッジ夫妻が私にはじめて会いに来るまでの間の三ヶ月間のどこかの時点で、ヨーシーの魂が本当にレイディーの体に入り込んだのだと確信しました。また、レイディーは、56ページの写真をご覧になればわかりますが、美しい長毛の被毛も生えてきて、自分の前身とちょうど同じようになりました。

ヨーシーが自分の新しい体に順応したスピードには驚かされました。新しい魂が体に入ると、完全に機能を果たして安楽な状態になるまでに最高一年かかりますが、それは二つの魂の間にどれくらい類似性があるか、つまり、磁気共鳴やオーラなどの点でどれくらい似ているかによります。ヨーシーはレイディーの体に順応するのにほとんど時間がかからなかったようですが、三ヶ月後に私が訪ねたときには彼女はまだ私の匂いを嗅ぎ分けることができました。

次の話も、あの世へと移行した犬についてですが、彼女がこの地球上で暮らしていたときの描写が具体的だったのでびっくりしました。

不屈のピットブルテリアのモリー。

モリー――動物は自分の逝くときを知っている

私はいつも、動物たちから何か新しいことを学ばせてもらっていますが、この日は、詳細な情報を受け取ったという点で、非常に特別な日でした。トニーは、彼女の二歳になるメスのピットブルテリアと話をするよう、私に予約をとりました。着くと、私はジャーマンシェパードと生後四ヶ月くらいのピットブルテリアの子犬に熱狂的な歓迎を受けました。困惑した私は、トニーに尋ねました。「モリーという名の二歳のピットブルテリアと話をするはずだったのではないですか？」

トニーは私にモリーの写真を渡しま

した。「ということは、モリーはここにはいないんですね」と、私は動物がもはやこの物質レベルにいないと感じるときの、あの馴染みのある空虚さを感じながら尋ねました。

「モリーは突然亡くなったので、私はなんらかの締めくくりが必要なんです」とトニーが言いました。

私がモリーの霊視を始めるやいなや、彼女は自分が長い間アパートに閉じこめられているイメージを送ってきました。食事も水もなく、唯一の栄養源である木製のキャビネットを食べなければならない様子を見せました。ひどい飢餓感を伝えてきました。不快なイメージが続き、床やキッチンやリビングルームなど、ありとあらゆる場所に糞尿が散乱しているのが見えました。モリーは怖がっていて衰弱していて、もう吠えることができませんでした。彼女にはもう時間がありませんでした。

トニーは具体的で生々しいイメージに驚き、説明しました。「モリーはピットブルテリアのレスキュー財団からもらい受けたんです。警察が空き家になったアパートで彼女を見つけたんですが、そのときは骨と皮だけでした。飢え死にするよう放っておかれたんですわ。彼女のことはすべての新聞が取り上げましたし、テレビのニュースにもなりました。うちに連れて帰れるだけ元気になるまで、六週間待たなければなりませんでした。体重が正常に戻るまで、里親に預けられたんです。私は彼女を頻繁に訪ね、私たちはとても親密な間柄になりました。彼女は高潔なピットブルテリアで、自分が挽回のチャンスを与えられたのを知っているかのようでした」

モリーは自分の体験の描写を続けました。「私はあの時期を越えて生きるはずではなかったの。

でも、レスキュー・フォスター・ペアレント・ホーム（動物救護施設）でトニーに会ってからは、彼女が私の生活にもたらすことのできる愛情を感じたから、しばらくぶらぶらしていることにしたの。これまでまったく知らなかった愛を経験したかったし、しばらく時間をかけて〈最後までやりぬく〉心の準備ができたの。体重を増やすことはできたけど、栄養不良が原因で心臓に障害ができていて治らなかったわ。痛みもなくスムーズに逝けたし、何よりもよかったのは速やかに逝けたことだと、トニーに言って。それから、ほとんど二年の間、平和と愛と無条件の気配りをしてくれたこと、あらゆる必要なことや願望を満たしてくれたことにとても感謝していることも伝えて。あのような愛を受けたことはこれまで一度もなかったし、少し長くとどまることにしてよかったわ。でも、死期が来たので、あのときに逝かなければならなかったの」

トニーは泣いていましたが、涙にむせびながらもなんとか説明することができました。

「二週間前のことですが、銀行へ行くために家を出ました。十分しか家をあけていなかったのに、戻るとモリーの首筋に咬み傷があって、おびただしい量の血が流れていました。私が世話をしていたもう一匹のピットブルテリアがやったんです。私はモリーをうちから七分のところにある近くの獣医に急いで連れて行きました。獣医は、咬み傷は生命を脅かすほどのものではないけれど、麻酔をかけて縫合しなければいけないと言いました。モリーはその日の午後、麻酔が原因で意識が戻らず、手術台の上で亡くなりました」

モリーが言いました。「心臓が弱くて麻酔に耐えられなかったの」。トニーが数回繰り返し言いました。「何かやり残したことがある、もっと何かできたはずだという気がして、心が痛むんです。

それに、前の里親が、モリーが死んだのは私のせいだと言うんです。良心の呵責《かしゃく》を感じて、涙と悲しみでいっぱいですわ」

かわいそうに、トニーは起こったことをひどく後悔していて、自分の見通しの甘さを責めていました。「多分、彼女といっしょにいるべきだったんですわ。家にもう一匹ピットブルテリアを入れることなどすべきじゃなかったんですわ。一番近くの獣医ではなく、いつもの獣医に行くべきだったんですわ。彼女をどんなに愛しているか、もっと頻繁に言うべきだったんですわ……」

このコンサルテーションの後、トニーは気分がずっとよくなり、悲しむ心の処理をして、良心の呵責をなくすことができました。それに、モリーはトニーの心の中にいつもいます。モリーの話は、動物たちは自分が逝くべき時を知っていることを明かしています。次の話からわかるように、動物たちは自分が逝くことを私たちに警告することもあります。

フリーズ――霊界から援助する

私がカレンと彼女の娘のジェニファーに会ったのは、オスのゴールデンレトリーバーの雑種のフリーズが亡くなった後でした。彼らもなんらかの締めくくりが必要だったのです。フリーズは、その十七年間の生涯の大半を彼らといっしょに過ごしました。まるで家族の一員のように、ジェニファーが最初のアパートを手に入れたときにいっしょに引っ越したのでした。

私がフリーズに霊的接触をすると、彼は言いました。

「体を解放したから、信じられないほど若くて元気いっぱいだよ。何をしても痛くて、逝くべき時だと判断したんだ。ジェニファーはそれを受け入れられなくて、いろいろな物を食べさせようとした。僕は、カレンとジェニファー、それから彼女のボーイフレンドで僕は彼も大好きなんだけど、ジョンに、自分が去る準備ができたことを何らかの方法で伝える必要があったんだ。

何か普通じゃないことをしなきゃいけないと思ったから、ある日、みながいっしょに話をしているときに、僕は自分のベッドに寝そべっていたんだけど、立ち上がって、彼らの一人ひとりのところに行き、彼らに僕の頭を撫でさせてあげたんだ。僕は急がずにゆっくりと動き、一人ひとりの目を深く見入り、さようならを言ったんだ。それから、向きを変えて自分のベッドに戻った。目を閉じて、二度と再び開けることはなかった」

ジェニファーが泣きながら尋ねました。「彼はまたペットになって私のところに戻ってくるんでしょうか？」

私がフリーズに尋ねると、彼は力強くはっきりと言いました。「ノー！」（本当にそう言ったんです！　実際に私の頭の中で「ノー」という言葉が聞こえたんです）。かわいそうなジェニファーはひどくうろたえ、同じことをさらに三回尋ねましたが、彼の答えは毎回同じでした。三回目に、彼は言い添えました。「彼女のところへは戻らないと決めたんだ。こちら側にとどまって、ここから彼女といっしょにやっていくつもりさ、守護天使みたいな感じでね」（原注＝時折、私自身の感情が出てしまうことがあります。私はジェニファーに転生の望みを与えたくて仕方がなかったのです。けれどもフリーズは毎回、そうする機会を私に与えるのを拒みました。ですから私自身、そのことを彼女に伝えるのが大変でした。

でも、私たちがペットに親しみを感じていれば、たいていの場合は霊体で戻ってきます）

フリーズは、四回目には、自分自身に説明するかのように、自分がジェニファーの生涯の最後に彼女を待っているイメージを送ってきました。彼が彼女を最初に迎えるのですが、彼の後ろには、動物たち（ほとんどは犬）の長い列が光のトンネルの中でひしめいていました。

一人の人間が一度の人生に飼うにははるかに多すぎる数の動物たちがいたので、私はそのイメージを理解できませんでした。それでも、届いてくるイメージを解釈しようとしました。

「あなたはまだ若いから、あなたの生涯の道はおそらくまだ決まっていないのでしょう。多分、後年、獣医学の分野やレスキューでたくさんの動物たちを助ける立場につくのでしょう。フリーズは、あの世にとどまって、それらすべての動物たちに関して、あなたが重要な決断をするのを助けることを選んだのです。そして、あなたがあの世へ行くときには、動物たちがあそこにいてあなたにありがとうと言ってくれるのです。フリーズは自分の使命をとても重要だと思っているから、肉体を持って戻ってくることはしないんですわ」

私は、後から思いついてジェニファーに尋ねました。「今は、どんなお仕事をなさっているの？」

「犬のグルーマー（動物の被毛のカットや手入れをする人）です」

これで合点がいきました。彼女は、理解と愛と優しさとで、たくさんの動物を助ける運命にあることが、私にはわかりました。そして、フリーズは、彼女のすぐそばにいて、彼女をあらゆる面で助け、導くのでしょう。

サマンサ——ペットが病弱な理由

私は月に一回、カリフォルニア州アナハイムの「学びの光財団」で「公開授業」をしており、そのときには十五分間のコンサルテーションを行います。ペットやペットの写真を持って、ちょっと「話」をしに来るよう、みなを誘うのです。たいていはうまくいきます。私の顧客の一人は、前回のセッションにたいそう感銘を受け、お母さんと妹といっしょに来てくれました。

妹の名前はスーといい、数枚の写真を持ってきていて、そこに写っている猫について私がどんなことを言えるかを知りたがっていました。一匹は八歳半のグレイのメスのトラ猫で、名前はサマンサ、略してサムと呼ばれていました。もう一匹は、トビーという名の九歳のオスの茶トラ猫でした。

スーがサムの写真を見せるが早いか、私は彼女に尋ねました。

「この猫は今でもあなたといっしょにいるの？」

私の質問にびっくりして、彼女は言いました。「ええ、これまでのところはそうです！」

私は彼女に伝えました。

「サムは私に、自分は病気がひどくて、いつも薬を飲んでいると言っています。でも、あなたが飼っていた猫で、彼女にそっくりの子について話をしたがっているわ。サマンサに似た猫を飼っていたことがあります？」

スーは答えました。「ええ、あるわ。でも、もう何年も前のことです。彼女のことはよく覚えているわ。メイシーという名でした」

「あのね」と私はスーに言いました。「サムは、自分はメイシーと同じ魂なのだと言っています。彼女は自分の仕事を完了するために戻ってきたんです。彼女は早く逝きすぎたと思っていて、メイシーが病気のときも、あなたは彼女の世話をしたのだと言っています」

スーはうなずきました。「メイシーは癌だったので、安楽死させたんです」

「サムは、自分には今生でやらなければならない仕事があるのがわかっていると言っています。自分があなたの教師としてここに戻ってきたことをわかっているんです。長期的に誰かの世話をするための忍耐力と能力、それをあなたは学び、自己のものとし、不平を唱えずに実践しなければなりません。これがサムの今生の目的で、彼女はそのことをわかっています。あなたといっしょに質の高い時間を過ごすことほど、サムが幸せだと感じることはありませんわ」

この間、スーは何も言わずに聞いていました。メイシー／サムの魂が、将来スーの役に立つ何かを教えるという魂の契約を、スーと交わしていたことを知って、スーは驚いたのだと思います。私は、それが何なのか、彼女に言うことはできませんでした。他の人たち、それも特に家族の世話をするための忍耐力と能力を学ぶことと関係があるのだ、ということしか言えませんでした。

サムが言い添えました。「スーは素晴らしい仕事をしているから、今生で彼女の猫として戻ってくることを選んでよかったわ。一つお願いしていいなら、スーにもっとたくさんの時間私といっしょに過ごして、声を出して私に話しかけてもらいたいわ」

スーが言いました。「私も家族も、本当にたくさんの猫を飼ってきたけど、サマンサのような猫はこれまでいなかったわ。彼女はずっと病気だけど、怒ったりうろたえたりしたことは一度もないし、うちの他の猫とけんかしたことも一度もありません。完璧なレディーだわ。それに、私が知っている猫で薬を喜んで飲むのは、彼女だけよ。自分から口を開けて薬をすべて飲み込むんです。いろいろな薬を飲まなきゃいけないので、それを一日に数回しなきゃいけないんですよ」

「猫に薬を飲ませるのがそんなに頻繁だと、あなたの健康によくないかも」と私は冗談を言いました。

スーが付け加えました。「このセッションは本当に素晴らしかったわ。サマンサが構ってもらいたがっていたのに、そうしてあげていなかったから、反省しています。自分のやり方を変えるわ。ありがとう」

私は微笑みました。かわいいサムは、こうして容易に忘れることのできない印象をスーに与えたのでした。

第4章　あの世からのメッセージ

死んであの世へ行った魂と通信のできる人がいます。例えば、霊媒のジョン・エドワードが、「ジョン・エドワードといっしょにあの世へ渡る」というSFチャンネルの番組で、週に五日、この魂との通信をやっていて、とても正確な情報を伝えてくれています。そして、ジョンを通じて視聴者とコンタクトした魂が、いとしいペットもあの世で人間の魂たちといっしょにいると報告するということが、何度も起こっています。有名な霊媒としては、他に、『天国との会話』（光文社刊）の著者のジェームズ・ヴァン・プラグ、『光の救い』の著者のダニオン・ブリンクレイ、それに、私のお気に入りの霊媒で、「モンテル・ウィリアムズ・ショー」に頻繁に出演し、数冊の著書があるシルビア・ブラウン等がいます。

ヨークシャーテリア——死んだ飼い主が見えている

ある日、私は、学びの光財団でペットとのコミュニケーションについて講義しました。その後で、多数の人が、楽しい講義だったし、私が言ったことに賛成だと言ってくれました。一人の女性が冗談で言いました。「私の犬は申し分ないんだけど、たった一つ困ったことがありますの。予備の寝室に行って、一度吠え、その部屋から玄関へと走り出てきては、私のところへやって来て、私を見つめるんですのよ。なぜそんなことをするのかわかれば嬉しいんですけど」

私もみなといっしょになって、ペットの奇行について気さくに笑っていましたが、突然、笑うのをやめました。自分がたった今、目にしているものをほとんど信じられなかったのです。まったく自発的に、映画のようなものが、内面のスクリーンに映り始めたのでした。私は、一匹の犬の目を通してそれを見ていたのですが、どういうわけか、その犬がヨークシャーテリアであることがわかりました。

奇妙なことですが、自分の周囲の状況と、玄関にいる犬としての「自分」の両方が見えています。右手にある部屋には窓から一条の陽光が差し込み、窓の前にはドレッサーがあります。ドレッサーの上には、小さいナプキンと、きちんと並べられた櫛《くし》と鏡のセットがあります。左手には、整えられたベッドが見え、それに掛けられた美しいカバーはハンドメイドのようです。すべてが細かいところまで気配りされていて清潔で、まるで長い間誰も手を触れなかったかのようです。そこには老女が寝ていたのだという感じがします。その点を除いては、部屋は空っぽです。

突然、私は部屋に引き寄せられ、右手の隅に、幽霊のようにかすかに光る人間の姿のようなものを見ることができます。その人物は、普通の人よりも若干高いところを漂っています。私は、近づいてそれが何なのか調べなければならない、という気持ちに駆り立てられます。

そこで近づいて頭を上げると、それが白い服を着た老女であることがわかります。老女のきらきら輝くエネルギーは、私への愛に満ちています。私は、老女が「近くに来て」と心で思っているのがわかるので、そうします。私は老女に対する犬の愛が非常に強いのを感じますし、老女はというと、優しく撫でるようなまなざしと温かいエネルギーによって、彼(犬)、つまり私に愛を送っています。そして私に軽く触れることすらします。触れられると犬がひどく喜ぶのが感じられます。

それから、老女は姿を消しますが、私は輝くような喜びで満たされ、吠えてあいさつをします。そうして、玄関へ走り出て二番目のママに、一番目のママに会ったこと、彼女がそこにいることを伝えます。でも、二番目のママは私を見るだけで、私の言っていることを理解しません。「まあ、いいさ、多分次にはわかるだろう」と私は思います。そういうわけで、私は何か他にやることがないかと探すために玄関へと戻ります。

その映画のようなものは数秒間続いただけでした。突然、私は部屋に戻り、再び周囲のおしゃべりが続いているのに気づきました。そして、さっきの女性の方を向き、こう言いました。「質問してもかまいませんでしょうか?」

彼女がうなずいたので、私は尋ねました。「最近、近親者の方がお亡くなりになりませんでしたか?」

彼女は驚いて手を口にやりました。そして答えました。「たしかに最近、母が亡くなりましたわ。どうしておわかりになったのですか?」

私が彼女のヨークシャーテリアから得たビジョンのことを話すと、彼女の目には涙があふれました。私が話し終わると、彼女はこらえきれずにすすり泣き始めました。私たちはたった今まで冗談を言い合っていたのに、今や彼女は悲しみを抑えることができなかったので、私はそういう事態にしてしまったことを後悔しました。

彼女は話そうとしましたが、話せなかったので、気持ちが静まるまで待ってくれるように私に身振りで示しました。それから、半泣きの状態で話してくれました。「母は長い間病気で、私の家の予備の寝室にいました。あなたが描写なさった寝室の様子は完璧でしたわ。ドレッサーも、ハンドメイドのキルトも、何もかも。母が亡くなってから三ヶ月になりますが、私はあの部屋に入ることができずにいますの。だから、誰も触れていない状態なんです」

「ヨークシャーテリアは母の犬で、現在は私が世話をしています。あの子は、ママが亡くなってからひどく悲しんで、ママがいないのを寂しく思っていますわ。あの子に母の霊が見えると考えたことはありませんでしたけど、あの子の奇行が始まったのは母が亡くなった直後でしたから、話が合いますわ。私も最近、死後の世界があるのだろうかとずっと考えていました。母の愛犬がその答えをもたらしてくれるとは、まさにうってつけの役割ですわね」

この種の遠隔での感知は私が普段やっていることではないので、宇宙がこのようなやり方で介入してきたことに興味をそそられました。私は普通、ペットに直接会うか、少なくとも写真を見なければ、ペットとコンタクトできません。それに、ペットの名前を知り、関わっている人々についいて知る必要があります。でも、この場合は、私は何も知らなかったわけです。

また、この話は、興味深いポイントを提起してくれてもいます。家族の誰かが家の外、たとえば病院などで死亡すると、その家で飼っているペットは、私たちがたった今見たように、家族が突然いなくなったことで当惑します。こういう場合、あなたに何ができるでしょう?

まず、声に出して言うか、イメージを送るかして、その動物に伝える必要があります。動物たちはあなたの悲しみを本能的にキャッチし、イメージを見ることで理由を理解できるので、あなたがペットのそばで死を悼むのも役に立ちます。もう戻らない人のイメージを送るときは、その人がその日だけ家を離れるかのように視覚化してかまいません。その人が単に旅行に出かけるだけのときは、その人が別の環境にいる様子を見せ、その後で戻ってくる様子を見せます。

その人が死亡している場合は、埋葬される最中のイメージと、魂が霊界に上っていくイメージをペットに見せます。これを、ペットをあなたのそばにいさせて、静かな日に行います。動物たちは私たちの思考やイメージを読み取るので、あなたの頭の中で映画が最後まで上映されるかのように「視覚化」することが大切です。動画を視覚化することはできないと言う人が大勢います。でも、たいていの人は色の視覚化はできるので、声に出してその人が亡くなったことをペットに説明し、私たちのハイアーセルフへ直接至る道だとも言われる第七チャクラの色(すなわち紫)を視覚化しましょう。

次の話が明かしてくれるように、動物たちは素晴らしい感性とビジョンを持った驚くべき生き物です。彼らは私を絶えず驚嘆させてくれます。

エボニー――動物は死者との仲立ちをする

ある日、メアリーが、彼女の八歳のメスのミニチュアプードルのエボニーのことで、わずかな希望に望みをかけ、アドバイスを求めて電話してきました。

「エボニーは体重が減ってきているんですけど、理由がわからないんです。もともと二～三キログラムしかないので、すごく心配です。どうなっているのか、教えていただけますか？」

私は、肉体の病気が関わっている可能性のある理由で助言を求められるときは、獣医の身体検査を受けることを強く勧めます。それからでないと、行動上の問題か心理的な問題かが確信できないからです。だから、メアリーにも、獣医にエボニーを検査してもらうよう言いました。二日後、メアリーが再び電話をしてきました。「獣医がエボニーの一般血液検査をしましたが、体にはどこも異常がないそうです。獣医は、エボニーは憂鬱なんだろうと言いました」

私が家に入ると、エボニーは一人ではなくなったのがたいそう嬉しくて、ただちにリビングルームを走り回り始め、8の字回りをしたり、私とかくれんぼうをしたりしました。また、メアリーと私が彼女の件で話をしていた間、熱心にかじっていたドライフードも、少しくわえてきました。

メアリーは、エボニーのおもちゃとベッドを私に見せ、家の中を簡単に見せてくれました。本当に美しい家で、息を呑むような見事な太平洋の眺めが見られましたが、寂しくて寒い家でした。家の持ち主に少し似ているな、と私は思いました。メアリーは、三十三年間連れ添った夫を、膵臓癌と肝臓癌が原因で二年半看病した後、およそ一年前に亡くしていたのです。

メアリーははじめ、エボニーとずっといっしょに過ごしましたが、最近は、日中には女友達に会っている時間の方が長くなっていました。ただ、六時間以上続けてエボニーを一人で残しておくことは、決してしませんでした。

私がはじめてエボニーに話しかけたとき、彼女は言いました。「私が望むのは、ママが再び幸せになることだけよ。ママが独りぼっちなので、私は悲しいの。ママともっといっしょに遊んで、もっといっしょにいたいの。公園などの楽しい場所へ行きたいの。それから、食事もおもちゃもママも大好きだけど、パパがいないのが寂しいわ。私はお父さん子だったの」

メアリーがこれを確認しました。「エボニーは、パパが病気でベッドにいる間、ずっとパパといっしょにいて、たいていはパパの腕の中で抱かれて安心していました。パパが死んでからは、エボニーはパパの寝室に一度も入っていません」

エボニーは、パパのことを話し始めると、パパを私に紹介するかのように、鮮明なイメージを私に送ってきました。彼女は言いました。「見て、これがパパよ」

背が高くて威厳があり、人目を引く男性が、エボニーのそばに立っているのが見えました。白髪頭をオールバックにとかしつけ、スーツを着ていました。とても知的で堂々としていて、その威厳を感じさせる存在感が、尊敬を要求していました。でも、彼の目はやわらかで、優しさとユーモアに満ちていました。力と理解の光がありはしましたが。私がその男性の様子を入念にメアリーに説明すると、彼女は私をさえぎって言いました。「ええ、そうですわ！　それが主人です」

この言葉で自信を持った私は、内面の映像を見続けました。メアリーの夫が私に言いました。「私は、メアリーに約束したように、長い間、彼女と話をしたいと思っていました。これは私が思っていることを伝える格好の機会で、この機会を持てたのは、私がここに来るといつもそれに気づいてくれるエボニーのおかげです。私は、メアリーが気に入る誰か他の男性を見つけようと一生懸命なのですが、それもほぼ終わりに近づいていると、彼女に言ってください」

彼は、私を通じて話し続けながら、冗談を言いました。「メアリー、君はすごく好みにうるさいから、正しい人に正しいタイミングで会うようアレンジするのが難しかったよ。だから、もうしばらく我慢しておくれ」

メアリーは、彼が正しいことを完全にわかっていたので、くっくっと笑いました。もちろん、彼女は聞きたいことがたくさんありました。「その人は幾つなの？　どれくらいハンサム？　どれくらいお金持ち？　それはいつ起こって、私はそれがその人だとどうやってわかるの？」

彼は彼女の質問のほとんどに答えましたが、冗談を言いました。「詳細を全部話すことはしないよ。君にもちょっとしてもらいたいことがあるんだ」

するとメアリーが私に尋ねました。「エボニーに、本当にパパが見えるのか聞いていただけます？」

エボニーが答えました。「ええ、パパとはよく話をするの。夜中にベッドのそばにいるパパの姿が見えることもあるわ。そうしたら、キッチンへ行ってドライフードをくわえ、パパとママに会うためだけに寝室に戻ってくるの」

私はそのイメージを見て笑いました。映画を見ながらポップコーンをかじるという人間の習慣を思い出したからです。私はかわいいエボニーの素晴らしいユーモアのセンスが気に入りました。

このコンサルテーションはメアリーにとってもエボニーにとっても成功でした。メアリーは悲

私に感謝するエボニー。

しみを克服して人生に新しい展望を持つことができました。それに、夫があの世から話をするという約束を守ってくれたので幸せでした。また、エボニーは、ママが悲しんでいるために憂鬱だったのが治って、普段どおり食べ始めました。

私はもう人間の霊が相手となる相談は受けていませんが、彼らのために解釈してあげられてよかったと思います。イメージが強く入ってきましたし、自分の夫が言わなければならないことを聞くのが、メアリーにとって大切だったからです。それに、パパが近くにいてママの幸せのためにいろいろやっていることを知る喜びを、彼らに与えないわけにはいきませんから。そして、可愛いエボニーが架け橋となって、これを可能にしたのです。

動物たちが人間の仲間を失って感じる悲しみの深さを、私たちはほとんど理解していません。私たちが明敏でなくて彼らが私たちに示す微妙な手がかりを見落としてしまうなら、それに光を当ててくれる誰か他の人を頼る他ありません。私は、自分の能力のおかげで、それができるのを光栄に思っています。次の話を読めば、それがわかるでしょう。

シンディ――「私は捨てられたの」

私は、アナハイムの学びの光財団でアニマル・コミュニケーションを教えていますし、月に一度、一日中コンサルテーションをする日があります。あるとき、九歳のジャーマンシェパードのシンディが、彼女の人間の仲間である二人姉妹、ジャニスとシャロンといっしょに私のところに来ました。私はジャニスには以前に会ったことがありました。彼女が言いました。「シンディはシャロンの犬です。私はこのコンサルテーションを彼女への贈り物としてアレンジしたんです」

シンディははじめ、ひどく興奮して、始終吠えてくんくん鳴き、あちらこちらを見ていました。彼女が立ち去りたがっていて、私と目を合わすのを拒んでいるのは明らかでした。シャロンが言いました。「ずっとこうなんです。いったいどうしたんでしょう?」

シンディは、気分が悪くて、すぐに不平を言い始めました。「ママが私を捨てたの。そこら中探したけど、見つからないの」

これをシャロンに伝えると、彼女は言いました。「それはあり得ませんわ。たしかに私は仕事に出かけますが、だからといってシンディが捨てられたと感じるはずはありません」

私がシンディの方に向き直ると、彼女が言いました。「仕事に出かけることとは関係ないの。ただ、私の内面に空しさがあるの。寂しいの」

私はこの空しさをこれまでに他の動物たちにも感じたことがあるので、シャロンに尋ねました。「最近、人間でも動物でもいいんですけど、誰か家を出ていきましたか？」

シャロンが答えました。「ええ、昨年母が亡くなりました。シンディは母の犬だったんです。私は娘を連れてこの家に戻ってきたんです。シンディはずっと同じ家にいるので、母の死がそんなにシンディに影響を与えているとは思いませんでした」

状況を飲み込めた私がシンディの方に向き直ると、彼女は繰り返し言いました。「ママに捨てられて、本当に気が動転しているの」

「シンディ」と私は尋ねました。「ママが死んだのがわからないの？」

シンディが答えました。「わからないわ」

シャロンがこれを確認しました。「母は突然病気になり、運び込まれた病院で亡くなったんです。シンディにとっては、母はただ、ある日突然いなくなったんだと思います」

けれども、シンディはまだ疑っていました。「今でも家中にママの匂いがするの。寝室のクロゼットの中は特にそうだわ。ママは戻ってくるにちがいないわ。そうでなければ、どうしてママの服が今でもあそこにあるの？」

シャロンが認めました。「シンディが言っているのは本当です。私たちはまだママの服を箱に納めてないので、クロゼットの中もそのままですの。だから、母の匂いがまだ家の中に強く残っているんですわ」

シンディは愚痴もこぼしました。「ママは始終私に話しかけてくれてたんだけど、もう誰も話しかけてくれないの」

私がこの情報を伝えると、シャロンはくすくす笑いました。「本当ですわ。ママはシンディにまるで三番目の娘のように始終話しかけていました。たしかに、私はほとんどまったくと言っていいほど話をしませんわ。私がそういう性格だというだけのことなんですけど、シンディにとっては重要なことなので、変えるよう本当に努力しますわ」

私は、イメージを使ってシンディに説明しました。「あなたのママは別の存在の次元に行ってしまったけど、今でもあなたの幸せを見守っているわ。もうママを探す必要はないのよ。あなたは捨てられてはいないし、シャロンはあなたを心から愛しているわ。それに、彼女は、これからはあなたにもっと話しかけると約束してくれたわ」

これを聞くと、シンディは私たちの面前で落ち着きを取り戻し、静かで穏やかになりました。前足の間に顔を置き、私を見ました。私が目を開けたとき、彼女はゆっくりと座りなおし、私のところへやって来て、私の膝に顔をのせて感謝の意を表しました。

次の話のように、ときには動物が、自分の友達である動物のメッセンジャーの役割をすることがあります。

ジャルー——死んだ猫が世話をしてくれる

ロビンは、十四歳のメスの黒猫のジャルーのことで電話してきました。その猫は喘息《ぜんそく》の薬を毎日飲まなければなりませんでした。

ジャルーははじめ引きこもっていて、私と関わりたがりませんでしたが、しばらくすると打ち解け、私と話をしても大丈夫だと判断しました。いったん心を開くと私に言いました。「私はママのことが心配なの。ママはもっと頻繁に出かけて人生を楽しむべきだわ。ママに幸せになってもらいたいの」

ジャルーは続けました。「友人を亡くしたとき、私ははじめ悲しかったし、ママは私のことを心配したわ。でも、私は大丈夫だし、この家に一人でいてナンバーワンでいる方がずっと好きだということを、ママに知ってもらいたいの」

私は、これをロビンに伝えながらも、この猫が何のことを言っているのかまったくわかりませんでした。ママは自分からは何の情報も与えようとせず、ただこう言っただけでした。「ええ、半年前に動物を亡くしましたわ」

ジャルーの方に向きを変えて、食事のこと、中庭に出かけること、それに毎日暑いことなどを話しました。ジャルーは水の中に入っている角氷を前足で叩いて遊んでいるイメージを私に送ってきました。

「ジャルーは、暑い日には彼女の水の中に角氷を入れるよう、あなたに頼んでくれと、私に言っています」と言って、私はロビンに頼みました。

「ええ、ジャルーが子猫のときには、彼女の水の中にずっと角氷を入れてあげていましたわ」

私は答えました。「彼女が私に見せているイメージからすると、彼女は最近そうしてもらっていないのを残念がっているようです」

コンサルテーションを終えるにあたって、私はロビンに言いました。「誰かがここにやって来ています。すごく威厳のあるポーズで座っている美しい猫です。体全体に黄色と黒の縞が入っています。ちょっとトラのような風貌です。それに、顔は少し丸みのあるハート形ですわ。この猫が誰だかわかりますか？」

ロビンが興奮して叫びました。「ええ！　私のメス猫のマライアですわ！　半年前に亡くなった猫です」

マライアが私に言いました。「あいさつしに戻っただけなの。ロビンをすごく愛しているし、私が今でも近くにいて、彼女のことを愛して世話をしていると、彼女に言って。彼女のところにしょっちゅう来ているの。あなたは私の姿が見えるから、私は元気だとロビンに言ってくださる？」

ロビンが確認しました。「マライアが近くにいて私の脚に体をこすりつけたり、私のそばにいたりするのを何回も感じていますわ。ジャルーは別の部屋にいるので、それがマライアなのがわかりますの」

思いがけずマライアが入ってきたので、私はロビンの気持ちを察して嬉しくなりました。ロビンは他界してしまっているペットとコンタクトできることを知らなかったので、マライアが入ってきたおかげで、このリーディングが彼女にとってまったく新しい意味を持つことになったのです。また、私にとっては、私たちが愛する者たちは、たとえその姿が私たちに見えなくとも、やはり私たちに気をつけていてくれて、私たちを愛し続けているということが実証されました。

アニマル・コミュニケーターとしての私も、顧客と同じだけ確証が必要です。ときには、自分の猜疑《さいぎ》心が私の最大の敵になることもあります。次元を超えた愛を伝えるのは簡単かもしれませんが、動物たちを、人間の顧客にわかるように個別化するのは容易ではありません。そして、動物たちにとっては、自分の人間の仲間に自分のメッセージが届いたのがわかることが大事です。また、私には、実際に話をしているのが彼らの今はいないペットであるのがわかることが大事です。私がマライアを描写したときのように、正しいイメージの解釈が働き始めると、それが起こります。それが自分であることを自分のママにペットが確信させた様子について書いた、次の話からも、それがわかるでしょう。

ロッキー――死をもって何かを教えることもある

アリスは、一歳半のポメラニアンを亡くし、その犬のことで私に写真を添付したEメールを送ってきました。彼女は、いとしいロッキーを亡くして悲しい胸の内を私に伝えてきただけでなく、自分が彼の死に責任があると思っていました。ロッキーはゴムバンドを飲み込み、それが胃にとどまったままになり、手術を受けたけれど、二日後に亡くなったのです。アリスは悲しみに打ちひしがれていて、慰めが、そしておそらくは許しも、必要でした。

私が写真を通じてロッキーにつながったときに受け取った最初のイメージは、後ろ足で立ち、飛び跳ねると同時に回転しながら前足を動かしている、小さなポメラニアンの姿でした。この可愛いイメージを頭の中で存分に楽しんでいると、命令が聞こえてきました。「始める前に、僕がやっていることを彼女に伝えるのが大事だよ!」

ロッキーがそうせがむのに驚いて、私はアリスに言いました。「ロッキーは、私が今見ているものをあなたに描写するのが大事だから、そうしてほしいと言っています」

私がそうすると、アリスが笑って言いました。「彼だわ、本当に彼だわ。彼はいつも、私がドアを開けるやいなや、ダンスしながら迎えてくれたものだわ」

これがアリスにとって、私たちが本当にロッキーとコミュニケーションしていることの確認となり、ロッキーはいっしょに過ごした短い期間の詳細をさらに数多く示して、はっきりと現れて

ダンスをするポメラニアンのロッキー。

きました。最も重要なメッセージはこうでした。「僕は元気だし、またダンスできるようになって嬉しいよ。僕はいたずら好きで、あの〈紐〉を食べたとき、やってはいけないことをやったんだよね。でも、一番大事なのは、僕が死んだのはあなたのせいじゃないってことさ。僕の仕事は、どうすれば自立すると同時に他者を気づかうことができるか、あなたに教えることだったんだ。あなたは、これができることを示して、自分の家族に誇りを持たせたんだ」

　アリスは、自分が両親の家から引っ越したばかりで、生まれてはじめて一人で住んでいることを確認しました。両親は彼女の支えとなってくれてはいたけれど、彼女が他の人のニーズはおろか、自分のことすら自分でできないと思っていたのです。ロッキーのおかげで、アリスは、両親が間違っていることを証明できたのでした。

　本章と前章から、ペットは死んでも、魂が残っているだけでなく、私たちと親密な接触を続けていることがわかります。霊媒師のジョン・エドワードは、これを生活の中で認め、実証するよう私たちに言いながら、「クロッシング・オーバー（死の向こう側）・ショー」（訳註＝あの世に旅立った魂たちからのメッセージを伝えて大きな反響を呼んでいるアメリカのテレビ番組）を締めくくります。そうすれば、彼のような人が私たちに代わってそれを示す必要がなくなるわけですから。

私も同意見です。チャンスを無駄にしてはなりません。自分のペットとのすべての出会いを愛情のこもったものにしましょう。だって、それが最後の出会いにならないとは、誰にも言えないのですから。彼らがあなたのために心に持っている大きな愛を、目には見えなくても、彼らに映し返しましょう。

第5章　死と安楽死「泣いてもいいよ」

私はコンサルテーションをしている間、よく泣きます。泣かずにはいられないのです。心が開いて感覚が鋭敏になっていると、動物と人間の間を自分の感情が自由に流れるように行き来するのですが、その感情をコントロールすることはできません。それに、私の身体は動物の感情を吸い取るスポンジのようになります。ですから、私が目を閉じて涙がとめどなく頬を流れ落ちるのを、来た人が目にするのは珍しくありません。

もちろん、動物たちは泣きませんが、その愛の気持ちが強いので、私は感情が高ぶって泣けてくるのです。感情移入するタイプでない人には、これは理解するのが難しいでしょう。でも、信じてください、それほどまでに強烈に愛を感じるのは、ほとんど宗教的とも言える体験なのです。

私の仕事で一番つらいのは、自然死であれ安楽死であれ、いとしいペットの死について顧客に話すことですが、それでもためらわずに話します。それは、自分がほんの少数の人にしかできないサービスを提供していると信じているからです。私は、この才能が与えられているのなら、能力を最大限に発揮し、つらいときがあるからと言って、この才能を無駄にすることは決してしないと、自分自身と宇宙に約束しました。人々に何らかの慰めをもたらし、質問の答えを引き出し、その苦しみを締めくくることができるかぎりは、自分がちゃんと仕事しているのがわかります。

たしかに、動物の死は大きな喪失です。動物と親密な絆を持つ喜びを知らない人には、動物を亡くすことの深刻さが理解できないでしょう。そうした人は事の重大さを軽視して、新しいペットがともかくも前のペットのことを忘れさせてくれたり、心の痛みを除いてくれたりするかのように言うかもしれません、「たかが犬じゃない。別の犬を飼えばいいのよ」と。でもあなたには、自分の友人を亡くしたことを悲しむあらゆる権利があります。実際、いとしいペットを失うことは、最愛の人間を失うのと同じく、諸々の段階の悲しみを引き起こすと心理学者たちは言っています。

亡くすことの悲しみに加えて、人は、怒り（「往来に走り出していくなんて、なんてことなの！」）や良心の呵責（「なぜ、私は、もっと前にしこりに気づかなかったのかしら？」とか、「もっと早く獣医に連れて行ってさえいれば！」）にとらわれることもあるかもしれません。

コンサルテーションのたびに、動物たちは死と臨終についてさらに多くのことを教えてくれます。私たちはみな、彼らが言いたいことに耳を傾けさえすれば、彼らからたくさんのことを学べるでしょう。最初の話では、犬がママの完璧な鏡の役割を果たしています。

ルル――動物は飼い主の心を映す

タニヤは、彼女の五歳のメスのオールドイングリッシュシープドッグで、癌で余命いくばくもないルルのことで電話をしてきました。すでに乳首が二つ切除され、癌はルルの肺に進行していました。タニヤは、堅実で意志も強く、宇宙の諸々の事柄にも知識があり、そのことに私は感銘を受けましたが、真面目でよそよそしく、どちらかと言えば、私に、「言うよりも、やって見せて」と言いたげな、超然とした態度をとっていました。医学的な事柄については、タニヤは獣医から聞いてすべてわかっていましたが、友人でもあるこの犬の思考と感情の面について、もっと学び

三十六針縫う手術から戻った勇気あるオールドイングリッシュシープドッグのルル。

たいと思っていたのです。

私が着いたとき、優しい巨人のルルは、リビングルームで枕に頭をのせて横たわっていました。そして立ち上がって私にあいさつしました。それから、私たち三人は床に座りました。

ルルが最初に言ったのは、「今日は気分がいいの。縫い目は全然気にならないわ」でした。

タニヤが「今朝は長い間散歩したんですけど、気持ちよかったですわ。散歩するのは、今週は今日がはじめてですの」と言って、ルルが言ったことを確認させてくれました。

このとき、ルルが二度目の手術を受けたばかりで、三十六針縫ったことを、私は知りませんでした。ルルは続けました。「獣医は私のお腹の毛を剃ると言って聞かないので、獣医に行くのはいやなの。本当に不快なんだから。獣医が使うかみそりがいやなの」

ママが私に言いました。「それは本当ですわ。今回連れて帰ったとき、大きなかみそり負けができてましたもの。クリームを塗った方がいいのか、それとも何もせずにルルを休ませた方がいいのか、わかりませんの」

今やタニヤは、私たちが本当にルルと会話していることを確信していました。うまく深い対話ができているときには、動物は眠っているように見えますが、実際には深い瞑想状態にあって、私とのイメージ交換にすべての努力を集中させているのだと、私はすでに彼女に説明していました。

タニヤはルルをずっと見守っていました。ルルは私が最初に目を閉じたときには、骨を噛んで浮かれていましたが、今は静かになっていました。私は目を閉じていたので、私たちがセッションを始めるとすぐにルルが噛むのをやめ、脇を下にして寝そべって目を閉じたことは知りませんでした。後になって、タニヤが言いました。「はじめはあなたのことを信じてなかったんですけど、あなた方二人が話しはじめた瞬間、あなたが言ったとおり静かになったんですよ！」

確信を深めたタニヤは、ルルに尋ねました。「なぜこの病気なの？」

ルルは非常にはっきりした答えを返しました。「あなたが乳癌を一番恐れていて、強迫観念になってしまっているからよ。乳癌のことがいつもあなたの頭から離れないから、私はあなたの教師になって、乳癌になったらどんなか、どういう感じがするか、それに対して何ができるか、どんな代替療法があるか、そしてついには、どうすれば威厳と理解を持ってこの地球を離れることができるかを教えることにしたの。私はそうするつもりで、もう引き返すことはできないの」

タニヤはショックで何も言えませんでしたが、とうとう、なんとか尋ねることに成功しました。

「ルルはどうやってわかったのでしょう？　実は、乳癌は、私の家族に蔓延していて、私の強迫観念になっています。それも、子供のときからずっとですわ。乳癌になるのではないかといつも心配で、毎年マモグラフィーで調べてもらっていますの」

ルルは説明を続けました。「私はあなたをそっくりそのまま映し出していて、私の内面で起こることはすべて、あなたの感じ方、そして考え方すら反映しているの。私たちがアリゾナに親戚を訪ねたときのことを覚えてる？　あのとき、私がストレスで疲れきってしまったのは、あなたがそうだったからなの」

タニヤはこれを認めました。「そのとおりですわ。私は親戚を訪ねるのがいやだったので、旅行の前も、車内でも、親戚の家にいる間もずっと、いらいらしていましたの。ルルと同じで、私もいらいらして落ち着きませんでした。教えてください、彼女を助けるために私に何かできることがありませんか？」

ルルが私に言いました。「代替療法としてタニヤが考えつくものはほとんどどんなものでも、私は受け入れるし、受けるのが嬉しいと彼女に伝えて。死ぬときが来たら、苦痛をできるかぎり最小限にしたいので、必要なら鎮痛剤の助けを借りたいわ。それでも苦痛を和らげられないなら、すぐに逝きたいの。それまでは、できるだけいっしょにいて、散歩したり、いっしょにいるのを楽しんだりさせてくれる？」

このコンサルテーションの後、まもなく、タニヤはルルがあの世へと移行できるよう手助けしました。タニヤがこのような素晴らしい教師兼友人を持てたのは幸運なことでした。そして、彼女は、苦痛を和らげるために安楽死させてもらうのがルルの選択なのを知って、そうする決意をしたのでした。

講演会でよく尋ねられるのは、「複数の動物がいっしょに住んでいる場合、動物たちは、そのうちの誰かが病気になったらわかるのか?」ということです。動物たちが私に語ったところでは、すべての動物は、他の動物が病気になるとわかるそうです。長い時間かかって病気になった場合、動物たちは、人間が知る前に気づきます。たいていは、病気の動物は一人にしてあげて、いっしょに遊ぶよう求めることはしません。病気の動物の近くに寝そべって、慰めと愛を与えることもあります。病気の動物が家の中の「トップ・ドッグ（首位の犬）」の地位にあって死ぬ運命にあるときには、適当な時期に、次に「トップ・ドッグ」になる動物にその地位を明け渡します。私はこの場面を幾度も目にしてきました。次の話は、それがどのように起こるかを示す格好の例です。

スパッド——逝くときには首位の座を譲る

私はチャーリーとシビルに会いに行きました。この夫婦は一週間前に、半生の間ずっと可愛がっていた、スパッドという名の十四歳のオスのクイーンズランドヒーラーを亡くしたのです。彼はこの家の最初のペットで、「トップ・ドッグ」でした。夫妻にはその他に二匹犬がいて、一匹はやはりクイーンズランドヒーラーで、ブルーという名の九歳のメスでした。もう一匹は、トビーという名の十歳のシッパーキのオスでした。

始める前からチャーリーはすでに感情が高ぶっていて、スパッドとコンタクトしても事がうまく運ばないのが私にはわかりました。そこで、私たちはティッシュの箱を一つずつ手に持って始めました。スパッドはすぐに入ってきて、チャーリーに言いました。「今はとても気分がいいし、ずっとあなたのそばにいるよ」

涙でいっぱいのチャーリーが言いました。「僕の彼への愛が彼を引き止めているのはわかっていると、スパッドに伝えてください」

スパッドが答えました。「うん、わかってるよ。でも、急いで離れなければならないわけじゃないんだ。必要なだけ近くにとどまってかまわないんだからね。心配なのは、パパがひどい痛みを感じているということだけだよ。僕のことを思い出しても心臓が痛まなければいいんだけどね」

(私たちの長い会話の間、彼はこれを何回も言いました)

チャーリーは言いました。「なぜあんなにも早く起こったのか、彼に尋ねてくださいますか?死ぬ前の土曜には元気そうで、生きるのをとても楽しんでいたのに、突然、心欠損だと診断され、翌日亡くなったんです」

スパッドは言いました。「ひどく悲しませないために、早く逝くことにしたんだ。あなたは何も悪くないよ。迅速で、ほとんど苦痛がなかった。最後の最後まで生を楽しむことができたよ。だからこそ、生きる値打ちがあったんだからね」

そのとき、チャーリーの妻のシビルが言いました。「スパッドが私に何か言おうとしているビジョンを見たんですけど、メッセージを受け取れなかったんです。私に何を言おうとしていたのか、聞いてくださいます?」

スパッドは言いました。「このつらい時期にパパを助けてくれるよう、シビルに言おうとしてたんだ。彼女にできることがたくさんあるわけじゃないから、難しいことだけど。パパはまったくヨーヨーみたいだよ。一瞬、彼女が必要なように見えたかと思ったら、次の瞬間にはプライバシーが必要なんだ。でも、できるだけ彼を助けてあげて。僕は急いで去らなきゃならないわけではないことを請け合うよ。それに、いつもあなたたちの近くにいるからね。もう涙はなしで、喜びだけになってほしいね」

それから、元気づけるかのように言い添えました。「トップ・ドッグの仕事をトビーに渡したんだけど、彼が話したがってるよ」

オスのシッパーキのトビーは本当におしゃべりで、自分の順番を待ちきれずにいました。私たちがまだスパッドと話している間に、少なくとも三回ソファの向こう側からやってきて、私の顔をなめて話をさえぎろうとしました。トビーは自慢気に言いました。「僕はスパッドの代わりを務めることになったんだ。彼と僕はどちらがトップ・ドッグかで、よくけんかしたよ。スパッドが、今度は僕の番だと言ったんだ」

トビーはトップ・ドッグになろうと努力していることを、私は夫妻に伝えました。すると彼は、今ではトップ・ドッグであるというイメージを強化するかのように、見知らぬ人や、何か馬に関することで、正面玄関で吠えているイメージを私に見せました。シビルが私に言いました。「今朝のことですが、彼が自分の餌入れを、中庭のスパッドの餌入れがあった場所に動かしました。それに、今、彼はリビングルームのスパッドが座っていた場所に座っていますわ」

「スパッドの仕事がすべて僕の受け持ちになったんだから、役に立つようにしているんだ」とトビーが付け加えました。（私は夫妻が馬を持っているとはまったく知らなかったのですが）トビーは馬で何をしようとしていたのか、私がパパとママに尋ねると、パパが説明しました。「うちは外で馬を二、三頭飼っていて、食事時間になると彼らを駆り集めるのがスパッドの仕事でした。彼はクイーンズランドヒーラーなので、家畜番は向いていましたし、とても上手でした。一方、地面からほんの十センチのところに立っているトビーは、馬のことはさっぱりわかりません。彼はただ立って馬に吠えるだけで、馬が自分の命令を理解すると思っているのですが、馬は彼を完全に無視しています」

ママが尋ねました。「馬に踏まれたり、蹴られることもあると思うので、近づきすぎないよう、トビーに言ってくださる？」

私は彼女に説明しました。「動物は、何かをしないというイメージは理解できません。代わりに、トビーに違う仕事を与えてくださいます？」

彼女は言いました。「うちの地所にいるホリネズミを駆除するというのはどうでしょう？」

トビーはとても受容性がありました。「別の仕事をもらえたら嬉しいよ。僕はすごく地面に近いから、ホリネズミという考えが気に入ったよ。それに、その仕事なら楽しいだろうし。僕は嗅覚がすぐれているからね」(再度訪問したとき、トビーは馬をうるさがらすことはなくなり、ホリネズミを駆除するのが素晴らしくうまいと、夫妻が私に告げました)

それもスパッドがやっていたことで、まさにそれを引き継いだのでした。今ではあの世から彼を見守っているボスから、仕事を進めてよいというサインをもらったのです。

先立つ家族に対する悲しみが大きい場合は、愛情あふれるペットを安楽死させなければならなくなった人の悲しみを想像してみればよいでしょう。辞書では安楽死の意味は、簡単で苦しみのない死、苦しみを終わらせるために苦痛を与えずに死なせる行為、またはその方法となっていますが、その語源は「良き死」です。

臨終のペットの目を眺めるたびに大きい声ではっきりと受け取るメッセージがあります。それは彼らが生の質によって幸福を測るということです。老齢、不治の病、けが、あるいは重大な行動上の問題が原因で逝くときであっても、あなたは良好な生の質をペットに与えていないわけではありません。実際、あなたは彼らの苦しみを和らげる手助けをし、避けられない移行を提供している友人なのです。あなたは彼らに「良く死ぬ」特権を与えているのであって、彼らはそのあらゆる断片を、「良き生」と同じだけ重要だと見なします。

ジェシー——動物は死を受け入れる

ある日曜の朝、ミシェルが捨て鉢になって電話をしてきました。「今日リーディングを受けなければなりませんの。なんとか都合をつけてくださるなら、お宅まで車で伺いますわ」。そのときは、彼女が長年いっしょに暮らしてきた猫のジェシーが、ほとんど死んだような状態になってしまって、生き返らせるため、週に三回も注射されたことなど、私は知りませんでした。拒むことができなかったので、午後の予約に決めましたが、一時間後、彼女は再び電話してきて言いました。「ジェシーが息を切らせているので、緊急治療室に連れて行かなければなりませんでした。今日一日持ちこたえられないかもしれないので、今すぐ伺ってかまいませんか?」

二時間後、十二歳の茶トラのオスのジェシー、ミシェル、彼女の夫のトム、それに私は、座って話をしていました。その間、ミシェルはジェシーを膝の上に抱いていました。ジェシーの状態は良くなっていましたが、目が黄疸で黄色くなり、ひどく静かで、身動き一つしませんでした。この頃には、ミシェルは心の中ではジェシーを安楽死させなければならないとわかっていましたが、ジェシーに聞きたいことがたくさんありました。ミシェルはこう尋ねることから始めました。

「ジェシーは私のところに戻ってきますか?」

私がジェシーに尋ねると、彼は愛情をこめて言いました。「まだ彼女に教えなきゃいけないことがたくさんあるから、疑いなく彼女のところに戻ってくるよ」

戻ってきたときに、それが彼だとどうやってわかるのか、と彼女が尋ねると、彼は答えました。「とても魅力的で、家に連れて帰らずにはいられない姿で彼女の前に現れるよ」

それから、付け加えました。「僕は家全体の責任者だったんだけど、すでにシンバッド（その家にいる彼より年下のオス）にバトン・タッチしたよ。他のペットみなと話をしたから、移行は必ずスムーズに運ぶよ」

ミシェルがこれを確認しました。「先週、シンバッドがうちのキャットタワー（訳註＝猫が登ったり降りたりできて、休憩場所もついている、垂直に長い遊び道具）によじ登って、一番上の棚板を自分のものにしていました。一番上に陣取ったことは彼の新しい地位を象徴しているんだと思います。ジェシーはいつもあの場所を占めていましたが、最近は、キャットタワーに登れなくなっていました。うちには他に猫が四匹いますが、シンバッドが今責任者なのはたしかですわ。ジェシーが言ったとおりの変化が起こってたんです。彼に犬のことを尋ねてくださいます？」

素晴らしいユーモアのひらめきがまだ残っていたジェシーが言いました。「犬のことは話したくないな。彼を別段好きでもないし、いつもできるだけ彼の邪魔にならないようにしてるんだ」

次に、私は必然的に生じる質問をしました。「自分が死ぬことはわかっているの？」

「うん！　もちろんだよ」とジェシーは憤慨して言いました。「しばらくの間いなくなる心の準備がすでにできているからね。実は、今朝、逝くつもりだったんだ。そして、まさに今、逝く覚悟ができてるよ！　僕が逝けるよう、あなたに手助けしてほしいんだ。パパが僕といっしょにいて、僕を抱いていてくれれば嬉しいんだけど。これは僕にとって相当な意味があるんだ。ママにとってはそこにいることがどんなに大変なことか、僕はわかっているから、ママには頼まないんだ。ママにはやりおおせないのがわかっているからね。でも、僕が逝く覚悟ができていて、僕の体はもう持たないことを、ママは理解する必要があるよ」

これを伝えると、ミシェルは泣き始めましたが、それでもなんとかジェシーに言うことができました。「心臓を切り裂かれているような感じでしょうけど、本当にそうしてほしいなら、私がいるようにするわ」

ジェシーは彼女に礼を言い、こう言いました。「あなたがどんなふうに感じているかわかっているし、そこにいようと言ってくれたことは僕にはすごく嬉しいよ。でも、パパがいてくれれば、僕がリラックスできる相手が部屋の中にいることになるし、僕は大丈夫だよ。そんなに心配しないで」

私たちはみな、赤ん坊のように泣きました。自分の生涯の終わりにあっても、なおかつママを慰めている、勇敢なジェシーでした！　逝かせることによる心の痛みは移りやすいものですが、私はこの賢い動物から学べたことで大得意になり、悲しみの涙が愛と理解の涙と混ざり合っていました。

「泣いてもいいんですよ」と私は、ティッシュをもう一枚取りながら、夫妻に言いました。

一週間ほどして、明るいブルーの目をした短毛の茶トラの子猫がティーカップからミルクを飲んでいて、下唇からミルクが滴り落ちている写真が貼ってある美しいカードを受け取りました。中には、こんなメッセージが書いてありました。

モニカさん

先週の土曜は、あんなに急なお願いだったのに、スケジュールを調整してお会いいただき、ありがとうございました。ジェシーの生涯の最後の二、三時間にあなたの才能を通じて彼と話ができたことは、まったくの天の恵みでした。私たちの感謝の念は計り知れません。ジェシーがこの世を去ったときの平和で勇敢で威厳のある様子を、私たちは決して忘れません。

あなたといっしょに過ごさせていただいた時間に大変感謝しております。あなたはジェシーに、私たちの心の声を伝えてくださいました。難しい質問に答えるのを助けてくださったおかげで、受け入れ、彼を安らかに逝かせることができました。

敬具

ミシェルとトム

多頭飼いの家で動物が死んだら、疑いが生じないよう、残った動物たちに死んだ動物の遺体を見せて匂いを嗅がせてあげましょう。そして、やむを得ずペットを安楽死させなければならない場合は、動物病院で起こることのイメージを、残る動物たちに送りましょう。動物の体から霊が上へと出て行くにつれ、足がだらりとなる様をイメージしましょう。こう聞くとぞっとするかもしれませんが、大丈夫、私の話の多くが明かしてくれているように、動物たちは私たちよりも、はるかにずっと死を受け入れています。人間の顧客の多くは、この不可避のものに直面する覚悟が動物たちほどできていません。だから、次の勇気と決断力の話にあるように、さまざまな方法を用いて死を回避したり遅らせたりしようとするのです。

ブルーボーイ——飼い主の思いに沿って痛みにも耐える

二、三週間前のこと、メアリーがコンサルテーションを求めて電話してきたときに、ブルーボーイに会いました。

ピートとメアリーが十日間の休暇に出かけて、戻ってみると、ブルーボーイが自分の顎《あご》の下を引っかいて毛を引っ張っていたのです。ストレスが関係していると思った彼らは、私に会えるよう、電話で予約をとったのでした。

私は、顎の下の毛のない部位を見て、それがストレスではないとわかりました。そこで、ブルーボーイをすぐに私の知り合いのホリスティック獣医に連れていくよう勧めました。食事を少し変えれば、まもなく良くなると確信していたのです。私はすでにそこにいましたし、ブルーボーイともう少し知り合いになりたかったので、私たちはともかくもセッションを行いました。彼は大きな猫で、礼儀正しくて親しみが感じられました。

それに、とても知的で、自分のアレルギー反応の原因を理解しようとしたので、私たちはみな、びっくりしました。私は、最近になって新しい芳香剤、洗剤、石鹸、ヘアスプレイ、コロン、ろうそく、香水などを家で使いはじめていないか、メアリーとピートに尋ねました。答えはノーでした。それから、衣類、毛布、カーペットクリーナー、キッチンの消毒薬なども調べましたが、何もありませんでした。

私は目を閉じて彼らに言いました。「ブルーボーイは、私に家の中をイメージで見せてくれています」（私は普通、実際に家の中を見て回るのですが、今回はこれはしていませんでした）。ブルーボーイは二階の寝室で止まり、自分の前を見上げました。目立つタイプの人ではありませんでしたが人間の姿が見え、その人がそこで何かしているのがわかりました。ブルーボーイは誰かがアイロンをかけている様子を見せてくれていたのです。「メアリー、アイロンをかけるときは、二階の予備の寝室を使うのですか？」

メアリーが答えました。「いいえ。いつも一階でかけますわ」

「アイロンと関係があるとブルーボーイが言い張っています。あそこで手芸をなさることは？」

「ピートがプラモデルの飛行機を組み立てますわ」

接着剤や金属製のペンキが猫にはひどく有害なのがわかっていたので、私はこれを聞いて喜びましたが、ピートは言いました。「僕のプラモデルはペンキが必要ないんです。あらかじめペンキを塗った状態で売られているので、僕がしなければならないのは〈サイズを小さくするためにアイロンをかける〉ことだけです」

私たち全員が、同時にそれを理解しました。予備の寝室でアイロンをかける！　ブルーボーイがそれを私たちに言ったとは、私たちの誰も信じられませんでした。彼のアレルギーの直接の原因を調べたわけではないので、プラスチックにアイロンをかけると有毒ガスが出るのかどうか、私にはわかりません。でも、食事を変えると、ブルーボーイはまもなく元通りになりました。だから、二週間後にピートが私の電話に留守番メッセージを残して、「ブルーボーイがひどく悪いんです」と言いながら、もう一度リーディングを求めてきたとき、私は困惑しました。

私のスケジュールが詰まっていたので、セッションの日取りは一週間後の水曜になってしまいました。私が着くと、ブルーボーイは、数枚の毛布とタオルにくるまれて、リビングルームの隅に寝そべっていました。それはその家で一番よい場所でした。餌入れと水入れと二個のトイレが近くに置いてありました。彼はあいさつに代えて、私の手を匂い、額に触れさせてくれました。そして、それに応えて尻尾の先をぴくっと動かしました。

メアリーとピートが心配そうに私に言いました。「食事をとっていなくて、どんな食べ物を出しても食べようとしないんです。一日に三回強制給餌していますし、脱水がひどいので、皮下に輸液を注射しています。二日前にはソファの下に隠れていましたし、今日は玄関ホールのところにある予備の寝室に置いてあるトイレの中で寝ていました。普段使っているトイレに行くのに体力をすべて使い果たしてしまって、リビングルームに戻る体力がなかったので、トイレの中にとどまって疲れて眠ってしまったようでした。こんなことはまったく彼らしくありません。獣医は腎不全と診断しましたが、まだ検査をしています。次に獣医に行くのは二日後です」

私は、重い心でピートとメアリーに言いました。「経験から言って、ブルーボーイの命は終わりに近づいていると思います。彼の行動は、〈もう逝く覚悟ができているよ〉と言う代わりに彼が示しているサインなのです」

ピートは、ただあきらめて強制給餌をやめることなどできないと言って拒絶しました。「そんなことできません。今は気分が良くないかもしれないけど、現代医学で治るかもしれないと、なんとか彼を説得してくださいませんか？　もう二、三日、時間がほしいんです。検査結果が出るまでの時間が必要ですし、それからは薬が効くのを待つ時間が必要です。必要なことは何でもしますし、闘うのはやめません」

ピートの心情に逆らうことはできなかったので、私はブルーボーイの方を向きました。彼が最初に言ったのはこういうことでした。「パパとママが僕が逝くのを嫌がっていたから、少し待っていたんだ。愛されているのがわかるし、良い家だよ。でも本当に、今は逝く準備ができているんだ」

私がこれをパパに伝えると、パパは懇願しました。「もう少しだけ時間をおくれ、ブルーボーイ」何度も説得されて不承不承、ブルーボーイが言いました。「オーケー。一週間だけ時間をあげるよ」

パパが言いました。「ありがとう。一週間以内に良くならなかったら、そのときに話をするよ。でも、きっと何らかの改善が見られるよ」

私たちの会話は続き、たくさんの重要な質問が出ました。ブルーボーイに病気のことを尋ねると、彼は私に痛みを送ってきて、痛みが集中している部位を示し、自分の感情を描写しました。口が腫れているのを見せてくれたとき、私は突然、唇が歯にくっついてしゃべりにくくなりました。喉が腫れているというのがどんな感じで、呼吸がどんなに大変か、話してくれたとき、私の胸が

逝きたがった猫のブルーボーイ。

痛み始め、動くたびに心臓が非常に速く鼓動するようになりました。彼が強制給餌されるとどんな感じになるかを示してくれると、私の胃がひっくり返りました。むせて、水を飲み込むことすらできませんでした。私の全身が冷たくなり、震えをどうすることもできませんでした。休みなく続く痛みのせいで、私はみじめな状態でした。

これをすべてママに言うと、ママは言いました。「ブルーボーイを愛しているから、こんな思いをさせておくことはできません。私たちが悲しいというだけで、彼にこんなに苦しむよう頼むことはできません。痛みに耐えられないと感じたら、いつでも逝かせてあげると、ブルーボーイに言ってくださる?」

長い沈黙の後、ブルーボーイが答えました。「それがあなたからもらえる最高の贈り物だよ」

それから、ブルーボーイは、涙でいっぱいのパパに、彼らがどんなに親密な関係だったかを思い出させてくれました。「子猫を愛し、青年期の猫を理解し、成猫と仲良くすることを、あなたは学んだね。僕たちは互いをとても深く理解しているし、あなたは永遠に愛されるよ」

ママにはこう言いました。「あなたは家族の中で一番手ごわい相手だよ。ルールを決める人さ。

あなたの決めたルールは僕には気にならなかったし、みんな正しかったと思うよ。今、あなたの強さに期待していいことがわかるよ。ねえ、僕はいつも〝完璧な紳士〟でいようとしたんだよ」

ママが答えました。「私はいつもあなたに、あなたは完璧な紳士だと言っていたわよね」

ブルーボーイはさらに続けて、自分の人間の家族に、自分の最期の瞬間に何を予期して何をすべきか、警告しました。「平静を保って、僕を抱き上げようとしないで。もはや息ができなくなるまで、あえぐだろうからね。それがあるべき状態なんだ」

この猫の素晴らしい勇気を目の当たりにして、私たちはみなで一時間泣き、私は疲れきってそこを去りました。そして、別れ際に言いました。「メアリー、泣いてもいいのよ」

その夜、眠りにつきながら、最後にブルーボーイのことを思いました。パパを喜ばせるために、さらに一週間の激しい苦痛と不快感に耐えることに勇敢にも同意したこと、それに、ママがブルーボーイを解放したときに、彼の気分がどんなに楽になったかに、思いを馳せました。

翌日、Eメールを受け取りました。

親愛なる家族と友人たちへ

みなさんの中には、この二週間のうちに私たちのいとしいブルーボーイがひどく具合が悪くなったことを、ご存じの方もおいででしょう。腎不全と、他にも獣医が正確に特定できない要因があったのです。ピートと私は、ブルーボーイの体調の変化と闘いながら、希望と絶望のローラーコースターに乗っていました。

でも、そのローラーコースターも、昨夜——十一月八日の午後九時四十五分くらいに——ブルーボーイが最後の変遷を遂げると止まりました。私たちは最期がどんな感じになるのかについて情報を受け取っていたので、最期のときにも平静を保って支えとなることができました。そうできたことに、大変感謝しています。ブルーイ（ブルーボーイの呼称）はいつも寛大でしたが、私たちが楽に彼の最期を迎えられるよう、できるだけのことをしてくれたのでした。

また、私たちは、私たち三人に愛情あふれる思いを寄せてくださったみなさんすべてに対する感謝の念でいっぱいです。それに、みなさんにお知らせさえしていれば、もっとたくさんの方々がそうしてくださったであろうこともわかっています。だから、ピートと私は、今後、心に開いた大きな穴と折り合いをつけるにあたって、みなさんに継続的なご支援をいただければと思います。ピートと私が時折、少し疎遠になっていると思われることがあっても、みなさんは理由がおわかりになるでしょう。悲しみを解放して彼の死を受け入れられるようになるには時間がかかりますから、ときには引きこもりたいと思うこともあるでしょうから。

ブルーイは私たちと暮らした十一年間に、たくさんの贈り物をくれました。最後の贈り物は、ピートと私が分かち持つ愛の深さに対する真の理解でした。また、これまでの半生で出会い、お世話になった人々みなに、自分たちが本当に感謝していることに気づけたのも、彼からの贈り物です。それらの多くの方々が、今日このEメールを受け取ってくださっています。ありがとう。みなさんを本当に愛しています。

メアリーとピート
ブルーボーイ
―いっしょに暮らしたのは一九八九年～二〇〇〇年
―心の中に永遠を

次のEメールは私一人に宛てられたものです。

モニカさん
ブルーボーイとの最後の夜に助けてくださったことに感謝しています。この前お送りしたメッセージの中の次の言葉はあなたに宛てたものでした。

「私たちは最期がどんな感じになるのかについての情報を受け取っていたので、最期のときにも平静を保って支えとなることができました。そうできたことに大変感謝しています。ブルーイ(ブルーボーイの呼称)はいつも寛大でしたが、私たちが楽に彼の最期を迎えられるよう、できるだけのことをしてくれたのでした」

ブルーイは、あなたを通じて私たちに伝えたまさにその時間に――正確にはその時間より二時間だけ早く――この世を去りました。

ピートと私はいっしょにセッションを受けた後、締めくくりをしたという感じがしました。だから、その後ブルーイがあんなにも早く肉体を離れたときも、学んだことによって導かれ、慰められました。また、彼を約束から解放し、「抵抗できなくなって逝かなければならなくなったら逝ってもいい」と彼に言えたことに、とても感謝しています。

あなたの才能を私たちに提供してくださったことに、もう一度感謝を述べたいと思います。私たちはあなたのことを他の方に推薦しますし、また動物の姿をした霊を家に入れるときにはあなたにお電話します。

あなたと、私たちみなに、平和がありますように。

敬具、メアリーとピート

ブルーボーイの話は、私たちがペットの最後の望みを受け入れると伝えてあげること、彼らの条件で好きなときに変遷を遂げさせてあげることが、いかに重要かを強調しています。

ベイリー——抱きしめてもらうために生きていた

友人であるペットが亡くなると、思い出や愛情がいっそう募りますが、その一方、内面ではいちだんと空しさを感じるものです。

私は最近、交通事故で死んだ犬のことでEメールを受け取りました。その犬の二匹の兄弟が事故を目撃したのではないかというのです。飼い主のディーは、妹が自分の家に来ている間にガレージのドアを誤って開けたままにしておいたので、三匹の犬がみなで近所を冒険することに決めたのだと説明しました。ケイティーとエミットは戻ってきましたが、ベイリーは戻りませんでした。家族全員で探しに行くと、彼は交通量の多い通りで事故に遭い、道端で死んでいるのが見つかりました。

悲しみにうちひしがれ、良心の呵責を感じ、うろたえた彼らは、締めくくりを求めて私に電話してきました。ベイリーは、ガレージのドアを開けたままにした人を責めるようなことはしませんでした。彼は、誰が悪いわけでもないとはっきり言いました。彼が何を言っているのか、そのときの私にはわかりませんでした。でも、ママ（ディー）はわかっていて、自分の妹がガレージに物を入れ、キッチンとの間のドアを開けたままにしたのに気づかず、家に入ってしまったのだと、手短に説明してくれました。犬たちは普段は家の中で飼っているのですが、そういうわけで自由に外に出ることができたのでした。

ディーは、私を通じて、他の二匹の犬に何か覚えていないか尋ねました。けれども、彼らはどちらも前を走っていて、事故に遭ったときにベイリーといっしょにいたわけではありませんでした。どちらもベイリーがいなくてひどく寂しいと言い添えました。

会話が続き、ディーは亡くなった犬のベイリーに、これまで言わなかった多くのことを言うことができました。おそらくこの感情を「打ち明けた」ために、ディーは、この難局をさらにうまく切り抜けられるよう、以下の詩を書くことを決意したのでしょう。ディーは、人々が自分の感情に対処するのに役立たせたいと言って、この詩を本書に載せることを認めてくれました。

ベイリーを偲んで

本当は犬を三匹ほしいと思ったことは一度もなかった。
二匹で十分だった。
でも、そのときベイリーに出会い
私の心は愛で満たされた。

はじめは大変で
彼はずっと臆病でこわがりだった。
でも、時がたつにつれ、再び信頼するようになり
彼の失意は癒された。

彼は愛にあふれていて
また抱きしめてもらうために生きていた。
ケイティーとエミットは彼の最良の友で
彼はただ愛されることが大好きだった。

ベイリーは特別な場所を占めていた、
それは、たくさんある心の中でも私の心。
あんなにもひどく傷ついていたのに
あんなにも遠くから来た犬。

毎晩、私がベッドに横たわると
ベイリーがすぐそばにいた。
彼は寝入るまで私に手足を持たせた、
そうすれば彼は安心だった。

他の犬たちと遊ぶのが好きだったが
今は永眠している。
ここでどうやって彼なしになんとかやっていくのか
誰にも予想もつかない。

彼の黒い鼻と耳
それに白い手足とお腹、
それにお気に入りの場所で寝そべっていた彼がいないのが寂しい。

不快な臭いのする物の中に転がっていたときの彼ですら、いないのが寂しい。

犬たちに会うために私が家に戻ると聞こえた
彼の興奮した吠え声がないのが寂しい。
彼に見られていると私は悪いことはできなかった
それはものすごい感じだった。

彼はドライブが大好きで
よく窓から頭を突き出していた。
テーブルの下で食べ物のかけらを食べさせるのは
悪い習慣だったが、私は後悔はしていない。

彼は、私が泣くと私の涙をなめ、
どんな親友よりも親密な関係だった。
それに彼は最後の最後まで
わたしを無条件に愛してくれた。

今、うちは家族が少し少なくなった。

あんなにも私たちを愛し
自分の家がほしかっただけのこの犬のおかげで
私たちの心は大きくなってはいるけれど。

私が内面で感じる喪失感は
言葉では言い表せない。
あんなにも優しくて無垢な魂に対しては
泣くための涙はいくらでもある。

私たちがどんなにベイリーを愛しているか
そしてどんなに逝ってほしくなかったか、ベイリーがわかってくれていますように。
でも、彼が旅を続けなければならないのはわかっている。
それでも、私たちの心は悲しみに沈んだままだ。

彼がいつも寝そべっていたソファは
今あいている。
他の犬たちはお腹がすかないし
どちらも遊びたがらない。

ベイリー、
私たちはいろんな意味であなたがいなくて寂しい。
あなたはそんなにも特別で
かけがえのない存在だったのだ。

彼が今、天国にいるのがわかる。
それはここよりもはるかに良い家。
そして、私たちと同じくらい彼を愛せる人がいるなら
その人の名はイエス。

主よ、私は祈ります。
彼の心と体の傷を癒してください。
彼をまた完全で健康にしてください。
そしてあなたの腕の中にいさせてあげてください。

私が彼を愛していて
ケイティーとエミットも彼を愛していると彼に伝えてください。

そして、彼がいなくて私たちが寂しがっていることを気づかせてあげてください。
私はあなたを信頼しています。

もう一つ私は祈ります。
私たちみなが再び家族になれるときまで
私の忠実な友を
あなたの愛にあふれた世話をする家にとどめておいてください。

ありったけの愛をこめて、ママとケイティーとエミットとジュリーより
ディー・ワイズ・ハインズ（二〇〇〇年六月七日）

第6章　美は見つめるその目にあるよね！

獣医のルイス・カミュティ先生は、著書『私の患者はみなベッドの下』で、患者（ペットたち）の大半は往診に来るのを予知して隠れると、冗談を言っています。彼は八十五歳になるまで、相当な数の猫を治療しましたが、診察室でワクチンを打つのが合衆国東部で一番手早くて、毎回動物たちを出し抜いてきました。けれども、往診では、猫は彼が来るのを知っていて、必ずベッドの下に隠れたそうです。

そんなことがないようにというのも一つの理由ですが、私はあらかじめ計画しておくのが好きで、顧客の家に行く前に動物たちと「話す」努力を意識的に行います。訪問は、たいていの場合、飼い主が仕事から戻る夜の時間に予定されます。だから、朝の間に、動物たちを「ちょっと訪問し」、彼らと話をするために自分がやって来ること、それは彼らが自分たちの言い分を言うチャンスとなり、何よりも彼らの生活で起こすべき変化があるなら、それを要求するチャンスになるのだということを説明して、時間を過ごします。

この「ご機嫌とり」をしておけば、犬や猫はたいてい、戸口で私を熱心に迎えてくれます。私にあいさつに来てから、小食堂のテーブルの下やソファのうしろに謹んで隠れる犬や猫もいますが、いずれにせよ、そこにいてあいさつはしてくれます。好奇心が強いだけの動物もいれば、すぐに話したがる動物もいます。内気なペットですら、みな、心を開いてくれます。

最初の話は、私がこれまで会う機会に恵まれた中で、一番社交的な猫の話です。

シーラ――シャム猫のプライド

ウェンディは、彼女の二匹のメス猫と話をしてほしいと言って電話をしてきました。一匹はチョコレート・ポイントのシャム猫のシーラで、もう一匹はライラック・ポイントのサファイアです。どちらかがトイレを使わないので、ウェンディは途方に暮れていました。彼女は、どちらの猫が犯人で、どうすればいいのか知りたかったのです。彼女の友人が、彼女自身の言葉を借りると、「最後の手段として」私を紹介したのでした。

心霊能力とニューエイジ的な考え方を疑っていた彼女は、テレパシーについて聞いたことはありましたが、それについて十分に考えたことはありませんでした。友人が彼女に私のことを話したとき、彼女は笑いました。でも、他のものは何も功を奏していなかったので、やってみても害はないだろうという結論をくだしたのです。ウェンディは私とマンションのメイン・ゲートから入り口の方へ歩きながら、冗談を言いました。「うちの子たちは多分ベッドの下に隠れるでしょう」

よくわかっている私は、声をひそめてクスクス笑いをしました。

彼女がドアを開けると、年かさの方のシーラがソファの肘掛けの上に乗って私を待っていて、ていねいなシャム猫なら誰でもするように、大声でニャーと鳴いて私を迎えてくれました。私はただちに彼女の美しい模様に驚嘆して言いました。「あなたは素晴らしく美しいわね。あなたとお知り合いになれて光栄だわ」

彼女は、私は大丈夫にちがいないと判断し、撫でさせてくれました。ウェンディの家は、小さいけれど居心地のよい家でした。小食堂のテーブルのすぐ右側の壁のそばには、蓋つきのトイレがあって、入り口のあたり一帯にトイレ砂が散らかっていました。ウェンディは私を寝室に連れていって、どちらかの猫がベッドカバーの上に「粗相」をした場所を見せてくれました。それが、私がここに来た一番の理由ですから。

リビングルームに戻ると、私はソファに座りましたが、シーラが私の横に座ってしきりに話したがりました。彼女は私に体をこすりつけ、私の注意を引こうとして、ニャーニャー鳴き続けました。私が彼女とコンタクトするやいなや、シーラが言いました。「あなたに私の写真を見せるよう、ウェンディに言って。私は以前は今よりもずっときれいだったの。私の写真を見て、本当にどんなにきれいだったか知ってほしいの」

ウェンディが言いました。「シーラの写真が何枚かありますけど、どこにあるのかすぐには思い出せません。あなたがお帰りになるまでに見てみますわ。家のどこかにあるはずですから」

シーラは十一歳くらいで、ここ二、三年の間にひどく体重が増えていました。お腹が大きくなって、ほとんど床に触れそうなくらいに垂れ下がってはいましたが、今でも優雅に形よく体を動かしていました。

一連のイメージを使って、シーラが告白しました。「トイレをいつもちゃんと使っていないのは私だと、ママに言って。蓋があるからきらいなの。お腹が底にすれて痛いので、空間の中に体がちゃんと収まらないの。砂が大きいから私の足に合わないし、きれいな毛が汚れるし、トイレが汚いから自分の体をきれいにするのにすごく時間がかかるの」

また、妹についても不平を唱えました。「サファイアが、いつも小奇麗できちんとしているので、私はママの注意を引こうとして、いつも闘っているの」

私はこれを全部ウェンディに伝え、それから付け加えました。「蓋のない大き目の箱を探して、粒子が細かいか手ざわりが柔らかいトイレ砂に変え、トイレをいつもきれいにしておくと約束しなければなりません」

ママはため息をついて、自分が問題の一端を担っていたことを不承不承認め、トイレ掃除の習慣を変えると約束しました。私はそれをシーラにイメージで伝えました。するとシーラが外に出られないと文句を言いました。「日光と緑が大好きなの。私はママと同じく自然児で、外にいるのが大好きなの」

ウェンディはこれを聞いて驚き、自分は本当に自然児で、休暇はいつも自然の中で過ごすのだと認めました。ウェンディがシーラに言いました。「あなたを外に行かせるのは危険なの。交通量の多い通りなのよ」

シーラが提案しました。「すてきな植物がたくさんあるバルコニーで遊んでもいい?」

ママはそれはかまわないと同意し、また、シーラがママと離れずにいると約束するなら、マンションの敷地内を連れて歩いてあげると提案しました。二人は、そうしてみることでうまく合意しました。

私が九歳のサファイアにコンタクトすると、マンションを徘徊してこの子たちに会いに来るグレイのオス猫のことをママが尋ねました。「どちらの子ももう避妊してあるので、彼を家に入らせているんです。シーラが彼を大好きで、二人でいっしょに遊んだりしていますが、サファイアは彼に唾を吐きかけてファーッと言い、叩こうとしますの。あのオス猫は何か悪いことをしたのでしょうか？　サファイアはいったい何が気にくわないのでしょう？」

サファイアが私に言いました。「交配させられることになっていたときに、オス猫とショッキングな体験をさせられ、その日以来、オス猫とはまったく何もしたくなくなったの。オス猫たちは面倒だわ。卑劣ないじめっ子だし、私はオス猫とはまったく関わりたくないの。彼を家に入れないよう、ママにお願いして」

寄り添うシーラとその妹のサファイア。

ママはこれを聞いてショックを受け、説明しました。「何年も前に、サファイアを繁殖のためにオス猫のいる家に連れていったんです。サファイアはとても大切な子なので、可愛い子猫を産んでほしくて、探せるかぎり一番良いブリーダーに連絡し、サファイアを連れて車で一時間半かけて可愛い王子さまに会いに行きましたの。でも、良い組み合わせではないことがすぐにわかりました。ブリーダーが言いました。『心配はいりません。うちのオス猫が義務を果たしている間、僕がサファイアを押さえつけて妊娠させますから。よくやることですよ。みなやっていますから』」

「私は重い心を抱きながら車を運転して家に戻りました。その家にサファイアを残していったときの、彼女の嘆願するような目と顔の表情が頭から離れなかったんです。家に戻ると、ブリーダーに電話して、気が変わったから猫を連れ戻しに行くと言いました。もう一度車を運転してそこに戻ったんですけど、かわいそうなサファイアはひどいショックを受けていました。それから一週間、私から隠れて、ほとんど何も食べず、愛情を示すサインをまったく見せませんでしたわ」

「サファイアがあの日のことで怒っているのはわかっていたんですけど、それが何年も続いて、出会うオス猫すべてをきらうようになるとは思っていませんでした」

これはウェンディにとって重要な教訓で、安々とは忘れられないコミュニケーションになりました。サファイアとのコンタクトが終わると、シーラが、私に写真を見せるようママに言うことを思い出させてくれました。ママが写真を探すために席を立ち、コラージュになるように写真を入れる場所が幾つかある大きなフレームを持って戻ってきました。それを私に渡し、右下の隅にある二匹のメス猫が互いに抱き合っている写真を指さしました。ソファの上の私の左側にまだ座っていたシーラが、憤慨して言いました。「違う、それじゃないわ!」。それから、私の注意を引くために手でフレームを押さえました。

フレームの左上に、シーラがテレパシーで送ってきたのと同じなのがすぐにわかる写真がありました。私は興奮して、他の写真を探しに行っていたウェンディを呼びました。ウェンディが私に言いました。「あらー、その写真のことはすっかり忘れていたわ。シーラがチャンピオンになったキャット・ショーで、プロの写真家が撮ってくれたんです」

シーラが私に見るようせがんだ「美人コンテストの女王」時代の写真。（シャノン提供）

シーラが私にその写真を見てもらいたがったのも驚くにはあたらないと、私は思いました。彼女がなぜそのことをそれほど自慢に思っているのか、見てわかりました。彼女は暗緑色の毛布の上に座っていましたが、それが彼女の自然な黄褐色を引き立たせていました。彼女は本当に堂々としていて、シャム猫だけが持つ優雅な雰囲気を備えていました。ライトブルーの目が輝き、目はカメラの方を見ていましたが、顔は左の肩の方へわずかに傾いていました。

「それがそうよ」とシーラは自慢気に言いました。「それを見れば、美とはどういうものかがわかるわ」

彼女は一位になったことが自慢で、真の美とはどういうものか、私に見てもらいたかったのでした。彼女は素晴らしく美しい猫だったことに、私は同意せざるを得ませんでした。よくやったわね、シーラ！　猫が誇りを持ったからといって、何も悪いことはないわ。でも、あなたは今でも、外見も内面も美しい猫のシーラよ。あなたに会えて光栄だわ。

一週間ほどして、ウェンディがEメールを書いてきてくれました。


こんにちは！

友人のミリーとEメールのやりとりをしていたんですが、あなたがうちにいらしたことについて、私が彼女に書き送ったメールを、彼女があなたに読んでもらいたがっています！　ところで、あなたのホームページ、本当に気に入りました。あなたが土曜に開催していらっしゃるワークショップに友人といっしょに参加して、うちの猫たちとどうやって話すのか勉強しますわ。

本当にありがとう！

ウェンディ

こんにちは、ミリー
火曜の夜のモニカ博士の訪問がどんなだったか、お話ししてもきっと信じてもらえないと思うわ。博士ははじめ、シーラと話してたわ。博士は私にいろんなことを話してくれて、私はほとんど笑いそうになってしまったんだけど、すべてがどんなにこっけいに思えたか忘れないよう、ここに書いておくわ。博士が勧めたことを幾つかやってみたら、なんと、シーラがトイレをまた使い出したのよ。良い砂があるか探してみなきゃいけないけど、うちの子たちはもう、やきもちを焼き合うことはなくなったわ。私が一匹といっしょにいても、もう一匹がけんかしに来ることはもうないわ。博士が言うには、彼女たちは私に言いたいことがたくさんあったから、博士を連れてきたことで私に感謝していたそうよ。

シーラが、私と同じく自然児だってことがわかったわ。私は今週末は出かけなきゃいけないんだけど、シーラがどう変わっていき、私が知った他のことに、どんなふうに反応するのか見られるよう、家にいられたらいいのに。サファイアは、私が彼女をあのグランド・チャンピオンの種付け用のオス猫と交配しようとしたことが原因で、オス猫と関わることをまったく嫌がっているわ。私もあの家から去るとき、不安だったの。だから、家に戻るとすぐに電話したんだけど、そしたらあの男は、うまくいかないから猫を連れに戻ってきた方がいいと言ったのよ。だから私はそうしたの。サファイアは、はじめてうちに連れて来たときとまったく同じく、ひどく怖がって丸まっていたわ。

サファイアが言うには、私にはじめて会ったとき、信頼できる人間で面倒をちゃんと見てくれるのがわかったそうなの。そして、私と彼女は契約を結んだんですって。だから彼女はしょっぱなから私の肩に乗って喉をゴロゴロ鳴らしたのね。私も絶対、彼女たちと話す方法を勉強したいわ。素晴らしいことだと思うの。

ウェンディ

ウェンディの当初の疑いは、シーラの可愛い「気まぐれ」といっしょになくなってしまったようでした。このコンサルテーションと私のアニマル・コミュニケーションのワークショップの結果、ウェンディは自分の猫たちと話ができるかどうかについて、考えが変わりました。今日に至るまで、彼女は自分の猫たちと対話を続ける努力をしていて、ルームメイトが彼女をからかっても歯牙《しが》にもかけません！

第7章　迷子のペット

「迷子の犬を見るのは悲しい。独特の絶望的な歩調で、困惑して切迫した様子で歩み、両の目はひどく不安気で誰の呼び声にも反応しない。なじみのある声を聞いて、なじみのある地面の匂いを嗅げる見込みもないのに、自分の知らない場所を早足で動き回る――そして、そうしながら、心細さがますます深まっていく」

――パム・ブラウン、一九二八年生まれ

アニマル・コミュニケーターとして仕事をする中で、迷子のペットの居場所を特定するのはきわめて難しく、動物が見たり聞いたりするものだけで居場所を正確に指摘するのは、至難の業ですから、この種の依頼はたいていい辞退します。

ティンカー――「暗い裂け目から外が見えるけど」

「うちの猫のティンカーの姿が二日間見当たりません。助けてくださいますか？」

ヴィッキーからのあの電話と、できるだけのことをすると彼女に言ったのを、今でもはっきりと覚えています。ティンカーにコンタクトすると、彼女が目の前にある何かの裂け目から見ているものが私にも見えました。泥が見え、私は彼女が独りぼっちで寒くて濡れていて、どこか暗いところにいるのに気づきました。それから、裂け目から女性の姿が見えました。その女性は背が高くて、ほっそりしていて、ブロンドの髪が肩まで降りていました。茶色の靴をはき、膝上丈のスカートをはいていました。ゆっくりと歩いていて、口笛を吹いて呼んでいました。

「私の姿を完璧に描写してくださいましたわ」とヴィッキーが興奮して言いました。「仕事から戻ると、すぐに近所にティンカーを探しに行ったんです。うちの前の通りの向こう側に新築中の家があるんですけど、雨が降っているので、芝生を植える場所に泥がたくさんありますの。きっとティンカーは、あそこのどこかで身動きできなくなってるんですわ」

三日後、ヴィッキーがまた電話してきました。「私の可愛いティンカーはあいにく見つかりませんでした。もう一度やってくださいます?」

私はしぶしぶ、三日前に見た最後の映像に戻ろうとしました。暗い場所の内部に戻り、目の前にあの裂け目が見えました。昼の光が見えましたが、今度は様子が違っていました。私は一人でしたし、以前のように猫の目を通して見ているわけではありませんでした。視点を外に移すと、泥は乾きつつあるけれど、まだ柔らかい場所が数ヶ所あるのが見えました。あたりを見回すと材木とおがくずが見えましたが、ティンカーがいることを示すサインは見つかりませんでした。私は通りへと出て、四方を三六〇度スキャンしながら、ティンカーの名を呼び、答えてくれるよう懇願ではなく依頼しました。コンタクトしようと努力しましたが、できませんでした。ティンカーはもう情報もイメージも私に送ることができなかったのです。彼女は逝ってしまっていたのでした。

このような胸の張り裂けるニュースを伝えるのは、私の仕事の中でも一番つらいことです。ただ、次の話からわかるように、迷子の事例がすべてこのような悲劇的な結末を迎えるわけではありません。

シーズー——ちょっと隣に散歩して

ある日、涙に暮れる女性から、死に物狂いで助けを求める電話がありました。彼女はむせび泣きながら私に言いました。「うちの前庭の芝生にいた孫娘が飼っているシーズーが、二、三時間前に誘拐されたんです。どこにいるか調べてくださいます？」

そのかわいそうな犬はまだ子犬でしたが、小さな子供——髪がかなり短いのが見てわかったので、おそらくは男の子——のいる家族といっしょにいると、私に言うことができました。ママがその犬のことで大騒ぎしているのが見えました。また、その母親と息子が何をやっているのであれ、それに関わっていない男性が背景にいるのがわかりました。少年はその小さな犬と遊んでいましたが、犬は怖がっていませんでした。

私が犬に、そこにどうやって来たのか尋ねると、犬は言いました。「ママの家の前を歩いてたら、横道にそれちゃったんだ。それで、ガレージで作業をしていた隣の男性の家を訪問したんだ。その家から車にちょっと乗って、今いる場所まで連れて来られたんだ」

それを聞いたおばあちゃんは、どこから尋ね歩けばいいかわかったと思いました。

翌日、娘が電話してきて言いました。「出来事と場所についてあなたがおっしゃったことをもとに、子犬が連れ去られた場所を見つけることができました。近所の人——あの母親と息子——は、子犬を迷子だと思い、ほんの二、三分離れたところに住むもう一人の息子の家に犬を連れていったんです。この男性のところには幼い男の子がいるので、犬はそこで幸せに暮らすだろうと彼らは思ったそうです」

このような場合、偽りの希望を与えることにならないかといつも気がかりなのですが、今回は、入ってきた情報が正しいことと、良い結果になることを、まったく確信していました。

スパイク――「構ってくれないから家出したよ」

かなり前のことですが、スミス家の人たちと彼らの三匹の犬のコンサルテーションを行ったことがあります。そのうちの一匹が、三歳になるオスのボクサーのスパイクでした。スミス夫妻と彼らの三人の子供は、コミュニケーションが起こっている間、驚いて見ていました。自分たちのペットを愛して可愛がっているのが目にも明らかな、この三人のティーンエイジャーの頭の中で、新しい理解が形成されるのを見て、私は嬉しくなりました。

リッキー（スミス婦人）がある晩遅くに私に電話してきて言いました。

「長男のジョンが、数人の友人に会うために、土曜にスパイクを連れて（二、三時間のところにある）ヴィクターヴィルへ旅行に行きました。友人の家には大きな裏庭があったのですが、ジョンはそこにスパイクを放しておいて、自分は友人たちと家の中にいることを、何とも思っていませんでした。それに、外の方が涼しいし、スパイクは時折外にいるのが好きなものですから。ところが日曜の朝になって、ジョンがスパイクに食事を与えに外に出ると、スパイクの姿はどこにも見当たりませんでした。彼らは半狂乱になって、一日中近所をしらみつぶしに探しましたが、駄目でした。ジョンは、スパイクを探し出せるという期待と私たちをうろたえさせたくないという思いから、しばらく私たちにそのことを告げずにいました。でも、その後、疲れて良心の呵責でいっぱいになって震えながら、とうとう日曜の夜に私に電話してきて、スパイクといっしょに家に帰れなくなったと言ったのです」

リッキーは、非常に強くて強情な女性で、家族の中で練兵係の軍曹のような役割を果たしていました。彼女はジョンに、スパイクを連れずに家に戻ることは許さないと、はっきり言いました。それから次のことを実行に移しました。まず、月曜の朝一番に、スパイクがいなくなった地域と周辺の郡のアニマル・シェルターに電話しました。次に、キンコーズ（訳注＝文具の販売や、はがきの印刷などのサービスを行う店）に行き、スパイクの写真と自分の多数の電話番号を載せたチラシを千部以上つくりました。その地域のすべての獣医と動物病院に電話をかけて、スパイクのことを説明し、自分の電話番号を残しておきました。それから、ジョンと彼の友人たちに、その地域全体をもう一度、さらにもう一度訪ね歩くよう頼みました。最後に、メスのボクサーでスパイクの生涯の伴侶のジャスミンを、はるばるヴィクターヴィルまで連れていく計画を立てました。スパイクがあてもなくさまよっているなら、ジャスミンが排尿してその地域にマーキングをすれば、スパイクが嗅ぎ分けられる匂いを与えることになると思ったのです。

八方手を尽くしたリッキーは、私にも電話してきて、支援とアドバスを求めました。私は前回の会話でスパイクのことはよく知っていたので、簡単に彼とコンタクトできました。私は彼に言いました。「家族があなたを愛していて、あなたに戻ってきてもらいたがってるわ。たくさんの人があなたを探しているの」

彼が答えました。「怖いんだ。嗅覚がなくなっていて、何も嗅ぎ分けられないんだ。どっちへ行けばいいのか、わからないよ」

　私は彼に、彼がジョンといっしょに滞在していた家のイメージを送るよう努め、そこに戻るよう頼みました。「ジョンは忙しくて僕に気を配ってくれないから、あそこに戻るつもりはないよ」と彼は言いました。

　しばらくの間、会話が行ったり来たりしましたが、最後に私は、スパイクに今いる場所にとどまってどこにも行かないよう頼みました。その間、リッキーは、火曜の朝にジャスミンをヴィクターヴィルへ連れていく準備をしていました。けれども、彼女は水曜に、スパイクはおろか、何のニュースも希望も持たずに戻ってきました。

　スパイクが姿を消してから六日間が過ぎたとき、私がコミュニケーションしようとしたわけでもないのに、突然、彼からイメージが届きました。彼は、自分が隠れている場所の近くにある家のイメージを私に見せました。私はただちにリッキーに電話しましたが、彼女はまたヴィクターヴィルに行っていて不在だったので、彼女の夫に言いました。

「スパイクはまだあそこにいます。隠れているから見つからないんです。私は彼に、イメージの中で見せている家の女性に自分の姿を見せるように言いました。彼女なら助けることができるでしょうから。スパイクはこの二日間雨が降っているので寒いと言いました。疲れていて、ひどい飢餓状態ですから、私が頼んだことを彼が実行できるかどうか自信がありません。姿を見せるだけのことだけど、それは彼にとってたいそう重要なことなのだと、私は彼に告げました。その家にいる女性は、近くで見ないと、それがスパイクだと見分けることができませんから、これはすごく重要なことで、それができればすべてはうまくいくと彼に伝えました」

それから、さらに付け加えました。「探すのをあきらめないことが肝要です。スパイクはあそこにいますし、姿を見せるよう努力しますので。彼に見切りをつけないで！」

リッキーはスパイクを何日間も探し続けていて、疲れきっていました。捜索をあきらめるのを拒み、仕事も義務も家族もかえりみませんでした。配布したチラシに応える多数の電話を受け取りましたが、誰も有力な手がかりを与えてはくれませんでした。ボクサーとジャーマンシェパードの違いがわからない人もいて、次から次へと無駄なことに時間を費やさせられ、疲労困憊《こんぱい》していたのです。

土曜の午後になって、悲しみにうちひしがれたリッキーは、家に戻ることを決意しました。娘と末息子が彼女と行動をともにしましたが、帰りの車の中では三人ともひと言も口を利かず涙に暮れていました。スパイクとともに暮らした楽しい歳月と彼をなくした悲劇に思いを馳せながら、それぞれの思いと後悔に深く沈んでいました。

ほとんど家に着くかという頃に、リッキーのポケットベルが鳴りました。表示された番号がヴィクターヴィルの地域コードだったので、彼らは次の出口に急行し、電話を見つけてその番号に電話しました。電話に出た女性はスパイクの特徴を完璧に描写しました。彼女の住所を聞いたとき、リッキーは、彼女の家がスパイクがいた場所からブロックを二つ隔てただけなのに気づきました。その女性が説明を続けました。「犬を食べ物でおびき寄せながら近くに来させようとしているのですが、少ししか寄ってきてくれず、向きを変えて行ってしまうんです。あばら骨が出ているので、お腹がすいているにちがいないんですけど」

リッキーと子供たちはただちにUターンして、ヴィクターヴィルへ、女性から教えてもらった住所へと向かいました。戻るとすぐにその場所で捜索を始めましたが、スパイクはどこにも見つかりませんでした。

それでもくじけずに、リッキーは、車のウィンドウを開けて通りという通りにはすべて車を走らせ、三人で「スパイク、スパイク、スパイク」と叫びながら、それぞれ違う方向に目を光らせました。夕暮れが近づいていて、彼らは疲れきっていました。でも、スパイクが近くにいるのがわかっていることが、彼らを先へと進むよう駆り立てました。

捜索を始めた場所から一ブロック離れたところで、リッキーは目の隅で何かが動くのに気づきました。振り向いて見ましたが、何も見えませんでした。光のいたずらだったのかと思いながらも、車を止めてスパイクの名をもう一度大声で呼びました。今回は、服従を要求するかのように、さっきよりも大きな声で意図を持って呼びました。

リッキーの心臓が早鐘のように鳴りました。もう一度何かが動くのが見え、何かがそこにいるのがわかりました。迫りくる夕暮れの中で、四本足の姿が見えました。もう一度、大声で呼びました。「スパイク!」夕闇から生き物が現れ出て、近づいて来はじめました。「そうよ、彼だわ。スパイクよ。スパイク、こっちへいらっしゃい! ああ、スパイク、愛しているわ。どこにいたの?」

リッキーが大喜びして泣きました。

三人全員が撫でてもてはやしたので、尻尾のない犬のスパイクは、愛情表現である、お尻と後ろ足を素早く動かす動作ができませんでした。一方、リッキーは、自分の愛をスパイクに対して表す術をちゃんと心得ていました。次に立ち寄ったのはバーガー・キングで、そこでスパイクはハンバーガーを十個食べ、それから家へと戻る長い道のりの間、リッキーの娘の膝の上で長時間の睡眠をとったのです。

疑い深くて、私がやったり言ったりすることを信じようとしない人にたくさん出会います。でも、そういう人たちでもたいていは、動物たちが私に送ってくるイメージの中で、私に見えることに耳を傾けるに十分な心の広さを持っています。いとしいペットがいなくなったり死んだと推定されたりして、悲嘆に暮れているときほど、彼らが受け入れる心の広さを見せることはありません。猜疑心の強い人ですら、最後の手段として私に電話をしてきますが、彼らはときには安心以外には何も期待していないこともあります。また、次の事例のように、一条の希望の光も失いたくない人もいます。

スパーキー――引き裂かれた絆

アイリーンが私に電話をしてきて、黄色のラブラドールレトリーバーがいなくなったので、残りの二匹のレトリーバーと話をしてほしいと頼みました。私は、変な頼み事だと思ったので尋ねました。「なぜ、他の二匹に尋ねてほしいのですか?」

彼女は不思議な答え方をしました。「彼らは知っているはずだからです」

彼女がそれ以上何も言おうとしないので、私たちは日時を決めました。彼女はうちから遠い場所に住んでいましたが、私が彼女の家へ車を走らせる時間ができるまで待つよりも、自分から二匹の犬を連れて私に会いに来ると申し出ました。

アイリーンが到着しました。彼女は四十代半ばでしたが、相当な悲痛に耐えているのがわかりました。いっしょに来たのは、彼女の娘と二匹の黄色のラブラドールレトリーバーでした。ヘイリーは四歳でケリーは七歳で、どちらもメスでした。いなくなったスパーキーは十二歳半のメスでした。

アイリーンはこのような心霊相談をやったことが前にもあるのだな、と私は思いました。スパーキーの写真と、餌入れと、ぬいぐるみをふたつ、それに彼女の首輪を持ってきていたからです。ですから大半の顧客は自分のペットのことやコンサルテーションの詳細について話したがるのに、彼女は静かで無表情でした。

「始める前に」と私は言いました。「家の外の様子と、スパーキーが姿を消した夜に何が起こったのか、話していただけますか?」

アイリーンは話すのを渋り、私がなんとかリーディングに使えるようなことですら、何も明かしたがりませんでした。その気持ちはよくわかったので、彼女に言いました。「正しい状況のもとでイメージを受け取れるよう、少しだけ情報が必要なんです」

アイリーンが言いました。「あの晩、私は八時二〇分前に家を出て、十一時十五分に戻ってきました。玄関のドアが広く開いていました。スパーキーの姿が見えず、残りの二匹は家の中にいました。家は通りの中ほどにあって、家とつながっているガレージに続く私道があります」

それから彼女は深く座りなおして、私が始めるのを待ちました。ヘイリーがすぐに言いました。「スパーキーは彼を知ってるの、スパーキーは彼を知ってるの。だから、彼女は彼といっしょに行ったのよ」

ヘイリーは次に、彼女が見たものを彼女の観点から描写しました。私は、ヘイリーのイメージの中に見える男性の風貌をアイリーンと彼女の娘に伝えました。「彼はブルージーンと白のシャツを着て、野球帽をかぶっています。足の筋肉が発達していて、外で働いていて非常に運動好きな人らしく、日焼けしています。ヘイリーは、後ろに何か積んだ暗い色のピックアップ・トラックも見せてくれています」

ケリーが私たちをさえぎり、興奮して何度も言いました。「彼女は彼を知ってるのよ、彼女は彼を知ってるのよ」

アイリーンが、私を介して二匹の犬に尋ねました。「ぬいぐるみを外に出したのは誰?」

ケリーがママに言いました。「スパーキーが一つ出して、私がもう一つを出したの」。スパーキーが自分のを落としたとき、私も同じようにしたのよ。スパーキーがトラックの後ろに行くのが見えたかと思うと、トラックが走り出したの。私は追いかけようと思ったんだけど、「そこにいろ!」と言われたの。トラックが走り去るのが見え、私はスパーキーはどこにいるのだろうと思ったわ。スパーキーがそこにいないのがわかったとき、ヘイリーが私を呼んで家の中に入るよう言うのが聞こえたから、私は向きを変えて家の中に入って彼女のところに行ったの」

するとママが尋ねました。「玄関のドアは破られたの？」

「ううん、大きな音がしたけど、破られたとか押し入られたということはないわ」

「その人はどんな風貌だったの？」

ケリーが答えました。「黒い野球帽をかぶっていたわ。いつも戸外にいる人みたいで、何か運動をやってるみたいだった。柄の大きな男性だったわ。大型犬を好むタイプの人よ」

「あなたはなぜトラックに乗らなかったの？」と私が尋ねました。

「乗りたかったんだけど、彼が私たちにそこにいろと言ったの。私はなぜ、スパーキーといっしょに行っちゃいけなかったの？　まごついちゃったわ。私たちはいつもいっしょに行くもの。なぜ、今回はそうじゃなかったの？　私、最近、気が動転しているの。自分のことじゃなくて、ドアの前に行くと特にそうなるわ。あそこはいやな感じだわ」

アイリーンが言いました。「写真がありますわ。写真をお見せしたら、ヘイリーとケリーが話しているのと同じ男性かどうか、おっしゃっていただけますか？」

「これまでにやったことはありませんが、試してみますわ」と私は言いました。

私が目を開けると、アイリーンの娘が写真を手渡してくれました。私は、目が涙で曇って声が震え、ちらりと見ることすらほとんどできないくらいでした。私は言いました。「これは、私がマインドで見た男性とまったく同じですわ。信じられないでしょうけど、誓って本当ですわ」

今や答えを得たアイリーンは、リラックスして、事情を説明しはじめました。

「私の別れた夫です。主人は、復讐心からスパーキーを連れて行ったんだと思いますわ。スパーキーは私の犬ですけど、他の二匹は私以外の家族の犬なんです。主人は建設請負業者で、ほとんど一日中、外の現場にいます。いつもブルージーンをはいていますし、大きくて筋肉質ですわ。これまで何回も、スパーキーを私から取り上げると言って脅しましたわ。

スパーキーは家や周囲を守りたいという気持ちが強くて、見知らぬ人には絶対にドアを開けさせませんし、万一そんなことが起こったら必ずその人を攻撃します。それに、見知らぬ人のために家の外に自分のおもちゃを出すことは絶対にありません。スパーキーがそうするのは、自分が知っている誰かと遊ぶときだけですわ。お聞きしたことから判断して、私が一番恐れていたことが起こったのはたしかですわ」

アイリーンも私も感情的になり、気持ちを静める間、数秒間セッションを中止しなければなりませんでした。それから彼女が私に尋ねました。「私が持ってきた写真から、直接スパーキーにコンタクトしてみてくださいます?」

私がそうすると、スパーキーが私に言いました。「いつもタクシーで移動していたので、トラックの後ろに乗せられてびっくりしたわ。長い時間乗せられて、すごく暗かった。何も見えなかったけど、しばらくして右側から光がたくさん入ってくるのが見えたわ」

彼女は、大きなショッピングモールの隣にある高速道路を走っているような感じのイメージを見せました。

アイリーンが叫びました。「それがどこだか、わかりますわ。そこから二時間くらい行ったところに主人の友人が何人かいるんです。主人がそこにスパーキーを連れて行っても不思議はありませんわ」

スパーキーが続けました。「馬や私の知らない動物たちが見えたわ。私は家の外の納屋で寝なきゃいけなくていやだわ。でも、食事はちゃんともらってるし、たくさん部屋があるから、昼間に走って遊べるの。家に帰してもらえないのは変だと思うわ」

スパーキーは、必ずしもその変化に異議を唱えているわけではありませんでした。パパがそこに連れて行ったんだから、それでいいにちがいないという感じを私は受けました。

それからアイリーンが言いました。「私たちは非常に小さな町に住んでいて、みなが顔見知りです。警察が毎日スパーキーを捜していますわ。私も、彼女を見つけてくれた人には千ドルの謝礼を出すと書いたビラを貼っています。十日の間誰も彼女の姿を見なかったのは、彼女がその辺にいないからでしょう」

――

残念なことに、アイリーンは元の夫を問い詰めましたが、彼はそのこととはなんの関係もないと否定しました。結局、アイリーンはスパーキーと二度と会うことはありませんでした。

三ヶ月後、アイリーンが電話してきて言いました。「ある晩、食事の用意をしていると、私の犬たちのうちの一匹がいつものように私の膝の裏にぶつかってくるのを感じたんですが、いつもよりもずっと強い感じでした。私は無視したんですが、五分後、もう一度、もっと強くそれが起こりました。でも、あたりを見回しても、どちらの犬もそこにはいませんでした。どうすればあんなに速くキッチンから出て行けるのか好奇心をそそられた私は、犬たちを探しに行きました。どちらもリビングルームの床の上でぐっすり眠っていました。私は当惑しました。私に触ったのはいったい誰、あるいは何なの？　あんなにリアルな体験だったんだもの！　あれは何かのサインだったのかしら？　何かに気づく必要があるのかしら？　これを尋ねられる相手として思い当たるのは、あなただけですわ」

私は彼女に言いました。「私の経験から言って、それはおそらく、スパーキーがさよならか、こんにちはを言っていたのだと思います。どちらにとるかは、あなた次第です。スパーキーはあの世へ行ってしまっていて、あなたのことをどんなに愛しているか、あなたに知らせるために来ていたんですよ」

アイリーンがスパーキーの存在を感じたのは、それが最後でした。彼女はもう、普段の生活に戻っていますが、彼女の心の中には、そして私の心の中にも、スパーキーのための特別な場所が永遠にあるのです。

第8章　行動には理由がある

「すぐに戻るわ」は、犬にとっては何の意味も為しません。犬にわかるのは、あなたが行ってしまったということだけです。

——ジェーン・スワン

ペットが特定の問題や心配事を人間の家族に伝えなければならないときがあります。ところが、それに対処せずに、私たちはトレーニングをして犬の行動を修正しなければならないと決めつけます。たいていの人は、「お座り」と「待て」と「伏せ」の訓練から始めます。これらから始めるのはよいことですし、新しく来たあなたの子犬がこれらの言葉による命令の意味をわかっているかどうかは確認すべきことです。でも、最初の話からわかるように、すぐれたトレーニングによってすべての行動が修正されるわけではありません。

ブルートス――認められるまでオシッコする

四歳のボストンテリアのオスのブルートスは、生まれてからずっと同じ家庭で暮らしていました。彼の母親もファミリー・ペットだったのですが、彼は発育不全だったので、母親といっしょにその家にとどまったのです。それからずっと後になって、その家にはスパイクという名のオスのボクサーがもらわれてきました。そして、この犬には、最近、これまたボクサーでジャスミンという名のガールフレンドができました。(私たちがこの家族にはじめて会ったのはスパイクが迷子になったときで、これについては前章で扱っています)

私たちのセッションで、ブルートスが自分について最初に送ってきたイメージは、大きなグレートデーンでした。この犬は自分がグレートデーンだと思っていたのです、少なくともパーソナリティーと自我においてはそうだと思っていました。実物の彼は地面から二十センチも離れていないくらいの大きさだったので、これは非常に滑稽なイメージでした。それなのに、自分は近所にいる複数のグレートデーンと同じくらい大きいと本当に思っていて、だから彼らを怖がらせることができると思い、大声で吠えていたのでした。だからあたりを練り歩いては、他の犬たちに自分の地所に侵入して来ないように言って、満足していました。隣の家に二匹の大きなグレートデーンがいるのですが、ブルートスは庭に出て行ってフェンスの向こう側にいるその犬たちに吠えることを、ママが確認しました。

ブルートスの件で私が呼ばれたのは、彼が最近過剰な量の水を飲んでいて、当然のことながら、家の中や家の付近におしっこしていたからでした。過剰な量とはどれくらいなのか私が尋ねると、リッキー（ママ）が言いました。「一日に七・五リットル飲んでからは数えるのをやめました。獣医に連れて行って普通の血液検査をしてもらいましたが、結果は正常でした。ブルートスの問題は身体上のものではなく心理的なものなので、あなたに連絡すべきだと言われたんです」

ブルートスが続けました。「僕はアルファ・ドッグ（首位の犬＝トップ・ドッグ）だから、家を管理してるんだ。仕事がたくさんあって、それが好きなんだ。でも、僕が管理していて、家の中も外も僕の領分だということを他の二匹にずっと覚えておいてもらうために、縄張りをマーキングする必要があるのさ。何かをやるときには、必ず最初に話を僕に通さなければならないし、僕が許可した場合にだけやっていいんだ。命令を続けるために水が必要なのさ」

ママのリッキーは彼の健康と幸せを気遣って、あんなに水を飲むと心臓に悪いのがわかっているのか、と尋ねました。彼は、少し考えてから、摂取量を抑制することに同意しましたが、普通必要とされる水の量の倍は少なくとも飲ませてくれるよう要請しました。

リッキーは彼の願いを入れ、家のトップ・ドッグであることをブルートスがわかるようにするため、家族全員が協力しました。彼が最初に食事をもらい、最初に散歩し、最初に撫でてもらい、夜のベッドの選択権も彼にありました。その後、リッキーが私に電話してきましたが、彼がずっと良い状態になっていて、それよりも素晴らしいのは、家の外でだけマーキングするようになったことだと報告してくれました。

ペットの異常行動には必ず理由がありますが、その動物にとってトラウマを生じさせるようなことが家の中で起こったために、異常行動をとるようになることもあります。次の事例がそうです。

フレディ――飼い主の悲しみはショック

ロワが私に、彼女の二匹の犬とコミュニケーションをするよう求めてきました。別段心配事があったわけではありませんが、犬たちをもっと幸せにするために、自分にできることがないか知りたかったのでした。二匹の犬のうち、フレディはプードルとダンディディンモントテリアとの雑種でした。私たちが話を始めるとすぐに、フレディがひどく疲れていて、長い散歩に出かけるだけの体力がないと言いはじめました。突然、電話が鳴って彼の思考が中断されると、ただちに

ベニー（左）と、もう電話は怖くないフレディ。

くんくん鳴き出し、次に吠え、それからまた鳴きはじめました。テレパシーによる会話を再開できるほど気持ちが落ち着くには、しばらく時間がかかりましたが、落ち着くと電話のことを話したがりました。

フレディは、イメージと感情によって、電話が鳴るたびに悪いニュースを受け取るのだと私に伝えました。ずいぶん前に、ルイス（ママ）が電話に出てうろたえたことがあるのを、彼は覚えていたのです。それからルイスは泣き始めましたが、フレディはそれを見るのがいやでした。ママがそんなにも苦しんでいるのを見ると心が痛んだのでした。そして、彼は、あんなことになるくらいなら、ママが電話に出ない方が嬉しいと私に言いました。

私はそれをルイスに説明し、それから尋ねました。「彼が何のことを言っているのか、思い出せますか？」。ルイスは答えました。「ええ。フレディが二歳のとき、母が私に電話してきて、叔母が癌と診断され、もう長くは生きられないと言ったのです。私は電話口で泣いたのを覚えています。フレディがくんくん鳴き始めたのが、そのときだったかどうかは覚えていませんが、その頃だったのはたしかですわ」

「では、違う音のする電話を手に入れるのがよいでしょうね。それから、新しい電話が鳴るたびに良いニュースを受け取るというふうにフレディの条件づけを変えましょう。電話が鳴るのを聞いたらすぐに、あなたは『素晴らしいことだわ！』などと叫んでみてください。それから、フレディにクッキーなどのご馳走をあげてから、受話器をとるようにしてください」。私はフレディに、電話が鳴ると悪いニュースが来るわけではまったくなく、それどころかご馳走をもらえるのだと気づけば、変化が起こってクッキーがやって来るというイメージを送りました。

電話を変えたら、うまくいきました。フレディはくんくん鳴くのをやめ、今では電話の鳴る音を聞いても無頓着です。あれから何年もたちますが、もちろん、彼はまだクッキーをもらうのを待っています。

サンシャイン——私の好きな音楽

ある日、ニュージャージーから長距離電話がかかってきました。アリスは私に、生後七ヶ月のポメラニアンのメスのサンシャインと話をしてもらいたがりました。サンシャインはまだ赤ちゃんなので、ママが理解して是正しなければならない問題がたくさんあったのです。

アリスが説明しました。「サンシャインはほとんど一日中一人でほったらかしで、たくさんのおもちゃと水と食事と犬用トイレを与えてキッチンに入れてあるんです。私たちはアパートに住んでいるので、トイレは小さな犬には格好のトレーニング道具のようですわ。サンシャインはトイレを使うのが本当にうまくなってきているんですが、私が見ているか、母が昼間やって来るかしないと、トイレに行こうとしないんです」

サンシャインの問題は、誉められると当惑するということでした。ところが、実際には誉められたいと思っていて、誰かがそこにいるときだけトイレに「行け」ばよいと思っているようだったのです！　これは大して時間をかけずとも是正できるちょっとした考え違いでしたが、このコンサルテーションで一番おもしろい部分はまだ始まっていませんでした。

話をしている間に、アリスが、ラジカセでかけたままにしている音楽を好きかどうか、サンシャインに尋ねました。サンシャインが不平を言いました。「前回のは、すごくやかましくてドスンという音がたくさん入っていて、全然好きじゃなかったわ」

ママが笑いました。「昨日、間違ってヘビーメタルのCDをかけてしまったんです。サンシャインのために買った自然の音のCDについて尋ねたつもりでした」

サンシャインが言いました。「あれは好きだわ。それから、ラジオも時々聞きたいの。でも、ママが音楽をかけたいなら、カントリー・ミュージックの方がいいわ」

現代的な若い女性のアリスは笑いました。「サンシャインがかけてほしいと求めることのできる音楽はたくさんあるのに、その中で彼女は私が大きらいな音楽を選ぶなんて、とんでもないことだわ！」

私たちはすぐに話題を変えました。だから、それから一週間後に次のEメールを受け取って私がどんなに驚いたか、想像してみてください。

モニカ先生

時間をさいてくださり、サンシャインを助けてくださったことに対するお礼を述べるため、メールしたく思いました。どんなに言葉を尽くしても足りないほど感謝しております。サンシャインはすでに、以前よりも思慮深くなっています。また、CDはもとのとおり、静かで心地よい音楽に変えましたが、先日の夜、床についたときは、彼女に好きな音楽を選ばせました。

カントリー・ミュージックに分類されるものの中で、私が好きなシャナイア・トゥエイン（訳注＝カナダ出身のカントリー・シンガー）のCDを見つけたんです。でも、彼女を好きだと認めるのがいやですし、普段はそうとは認めません。ともかくも、そのCDとヘビーメタル音楽のどちらがいいか、サンシャインに選ばせました。両方のCDを見せて、それぞれがどういう音楽か彼女に言ったんです。彼女がシャナイア・トゥエインのCDを手で叩き始めたときにはびっくりしました。自分の目を信じられませんでしたわ！

二枚のCDを背中の後ろで何度も持ち替え、それから床の上に置き、もう一度やってみました。二枚のCDを手まねで示し、どちらがどちらとも特に明確にせずに言いました。「カントリー？

それとも、ヘビーメタル？」。ところが、彼女はすでにCDを見ていたので、写真から違いがわかったんです。すぐにシャナイア・トゥエインのCDのところに行き、もう一度手で叩き、座ってくんくん鳴き始めました。それから、そのCDを何度か手で叩き、私を見ました。彼女がそうやって実際に私とつながって、本当にそちらの方が好きだと私に教えてくれたので、私はとても嬉しく思いました。

私はただちにCDをかけました。それから、私が歯を磨いている間、彼女が洗面所の鏡に映っているのに気づきました。後ろ足で立って嬉しそうにぐるぐる回っていました！　あなたのコンサルテーションが明らかに重要な影響を与えたんですわ。私がそのCDをかけるたびに、彼女は後ろ足で立ち上がり、嬉しそうにぐるぐる回るか、私とダンスしたがります。だから、そのCDをまだラジカセから出してないんですよ！

あなたのご助力にもう一度お礼を述べさせてください！

アリス

ペットが知りたいのは、私たちが彼らのことをどう思っていて、今後どうするのかだけということもあります。次の話がそうでした。

エンジェル――内気なこころに自信を与えて

メスのローデシアンリッジバックのエンジェルは、シェルター（捨て犬保護施設）からもらい受けたのですが、きわめて内気でした。私が会ったのは、新しい家族といっしょに暮らし始めて二ヶ月ほど経ってからでした。彼女のママのジュディが説明しました。「エンジェルはほとんど一日中、二階の寝室に隠れていて、階下に降りてくるのは食事のときだけです。それに、誰かに触られると必ず、すぐにおしっこを漏らします。食事に降りてくるよう呼ばれても、その声が大きすぎておしっこしてしまうこともあるくらいです。誰かが自分の横を早足で歩くだけでおしっこすることもあります」

ジュディは、階下に降りてきて私に会ってもかまわないことをエンジェルに納得させるために、エンジェルにリード（紐）をつけなければなりませんでした。ジュディが私に水を持ってくるためにキッチンへ行っている間、私はエンジェルに、すべてがうまくいくこと、そして、何か問題を抱えているなら、私たちがそれに対処できるよう、話をすべきだということを伝えようとしました。エンジェルは私のそばに座り、五分くらいすると私の足の上に寝そべり、私たちが話している間ずっとそこにいました。

エンジェルが私に言いました。「この人たちが私の新しい家族だと言われなかったの。私がいい子かどうか見るためのテストだと思ったから、いい子になるために、できるだけ長い間、みなの

「写真を撮っておかないと誰も信じないでしょうから」と言って飼い主が写真を撮ったエンジェル。

邪魔にならないように寝室にいるようにしているの」

ジュディが彼女に言いました。

「何があろうとも、あなたは永遠にここの家族よ。私たちはあなたを愛しているし、あなたがシェルターに戻ることは絶対にないと約束するわ。私たちが望むのは、あなたがもう少し幸せになって生活を楽しんでくれればということだけよ。そんなに怖がらないで。誰もあなたを叩きはしないわ。始終おしっこをしていることも、気にしないで。ちゃんと掃除するから。あなたは、可愛いエンジェルという名前のとおり、きれいだわ。悪いところなんて全然ないし、家族全員、同じように思ってるわ。あなたを愛しているのよ」

私が目を開けると、エンジェルが、私の顔に顔を近づけて座っていました。頭を私の膝にのせ、右前足を私の膝頭に置いていました。ジュディがびっくりしていました。「エンジェルは、これまで誰にもこんなことをしたことはありませんわ。こんなこと、あなたにはよく起こるんですか?」

私は彼女に言いました。「顧客の大半は、コミュニケーションできたことに対して独自のやり方で私に感謝してくれます。多くの顧客が、心を開き、自分にできる唯一の方法で愛を差し出して感謝してくれます」

ジュディはカメラを取ってきて、エンジェルと私の写真を撮りました。だって、彼女が言ったように、「こうしなければ誰も信じてくれないでしょう」から。

二ヶ月後にジュディに会ったとき、彼女は言いました。「あなたがいらしてからは、エンジェルはたった一度粗相をしただけで、まったく生まれ変わったようですわ。以前よりもずっと自信がついて、寝室で過ごす時間がずいぶん減りました。家にお客さんが来ると、正面玄関へ走って行って出迎えることすらします」

自信をつけることが決定的に重要な動物もいます。次の事例がその格好の例で、この顧客は私のウェブサイト(www.petcommunicator.com)を見て、Eメールを送ってきたのでした。

ロスコウ——功を奏した交換条件

ジャンはロスコウという名の一歳のダックスフントを飼っていて、田舎に住んでいましたが、兄貴分の黄色のラブラドールレトリーバーのダコタといっしょにロスコウを裏庭に放すのを恐れていました。というのは、はじめて飼ったダックスフントがワシにさらわれ、もがいてワシの爪から自由になりはしたものの、地面に打ちつけられて背骨が折れてしまったからです。このため、脊髄が切断されて安楽死させなければなりませんでした。このひどい経験が心に残っていて、今度のダックスフントにも同じ運命をたどらせたくなかったのです。そういうわけで、ロスコウは、家の中に一人いて家族を思い焦がれながらも、窓からダコタを眺めて戸外の雰囲気を楽しむだけで、毎日を過ごしていました。

ロスコウには昼間遊べるおもちゃがたくさんありました。ママは仕事に出かける前にガムをくれました。新聞紙をトイレで使うようしつけられたので、そのための新聞紙が置いてありましたし、大きくて快適な犬用ベッドをあてがわれていました。けれども、私がこれらの重要なポイントを知ったのは、事後のことでした。

ジャンが私に言いました。「ロスコウは昼間、新聞紙ではなく絨毯《じゅうたん》におしっこしています。何か問題があるのではないかと思い、コンサルテーションをしていただきたいと思ったんです。先日などは、ソファを咬んで大きな穴を開けましたし、また別の日には、高価な絨毯を滅茶苦茶にしてしまいました」

コンタクトするやいなや、ロスコウが文句を言いました。「僕はもう大人なのに、ママは僕を子供みたいに扱うんだ。自由になって、外に行ってダコタと遊びたくて仕方がないのに。こんなに長い時間、独りぼっちで家に閉じ込められて、気が狂いそうだよ。おもちゃには飽きちゃったし、すべてがいやなんだ。僕がダコタのようにパパといっしょにハイキングしたり、狩りをしたりできる本当の犬だとわかってもらえないから、パパですら僕を過小評価してるんだ。自由がほしいよ、今すぐに！」

私はこれをジャンに伝えながら、ロスコウが外に出られるように犬用ドアを取りつけるよう勧めました。けれども、彼女は、ロスコウを一日中外に出しておけないありとあらゆる理由を挙げて、ていねいに拒絶したので、私はこれをすぐに彼に伝えました。そして次に、ときにうまくいくこともある交換条件を示唆しました。「椅子を裏の窓のそばに置いて、その上に枕かクッションを置き、ロスコウが裏庭をよく見られるようにしてあげてはどうですか？　そうすれば鳥やリスを見られるのではないかと思いますが」

ジャンは、私の提案を無視して言い張りました。「また新聞紙を使うよう、彼に注意してください」。私はこれを彼に伝えました。

最後に、私たちは彼の破壊的な行動について話をしました。ロスコウが再び、裏庭に行けるようにしてくれなければ駄目だと言い張ると、ママは彼に説明しました。「家の中で物を壊し続けるなら、新しいお仕置きルールを課さなきゃならなくなるわ。つまり、二、三分間浴槽に入って無視されるということよ」
ジャンは今回のリーディングに満足し、これからも連絡すると私に約束しました。彼女からその後送られてきたEメールから、進歩の様子がわかります。

八月十日（木）
モニカ先生
昨日家に戻ると、ひどい状態でした。ロスコウが汚れ物を引っ張り出して家中に広げ、また絨毯を咬んだんです。コミュニケーションした後で犬がこんなふうになるのはよくあることなんですか？　お仕置きルールに従わせ、彼が鳴いたので、言ってやりました。「静かに、お仕置き中なんだから」
今朝、彼が外を見られるように枕をのせた椅子を窓の前に置き、ラジオをつけたままにしました。また、カーペットにクリーナーを使い、彼が使う新聞紙にも数滴垂らしました。どういう進展があるか、ご報告しますね。
ありがとう。
ジャン

八月十一日（金）
モニカ先生

事態が好転していると言えればいいのですが、今回は三〇〇パーセント悪化しています。こんなにひどいのははじめてです。梱包用の詰め物がいっぱい入った袋があるんですが、ロスコウはそれと自分のドッグフードをいっしょにして、家の一方の端からもう一方の端までまき散らしたんです。彼が外を見られるように、枕をのせた椅子を窓のそばに置いていたんですが、彼はそれを咬みました。ソファも咬んで穴をあけましたし、入り口の絨毯にも穴を複数あけました。私は彼を浴槽に入れて十五分間お仕置きを課しました。

ロスコウは、自分がひどく悪いことをしたのがわかっていて、その夜はずっと、ひどくふさぎ込んでいました。今晩、犬用ドアを買いにいくことになっています。それまで、ロスコウは、地下室の三メートル平方の広さの場所に電気をつけて閉じ込めておきます。（彼のお気に入りではないけれど）毛布と、多分ずたずたにするでしょうけど小さな絨毯と、水と新聞紙とおもちゃとガムを二本、あてがってあります。彼はあそこにいるのがいやでしょうが、地下室に放っておくことに対して感じる私の良心の呵責の方が絶対大きいですわ。あ、それから、昨日彼が一人のときに、カーペットではなく新聞紙を使ったのは朗報ですわ。

ジャン

八月一四日（月）

こんにちは、モニカ先生

今朝、仕事に出かけるときに、犬用ドアを開けたままにしていきました。夫のジョンが金曜の夜にそのドアを取りつけたので、ロスコウはもう、一日中、外へ出たり入ったりし、兄貴分のダコタと遊び、猫や鳥を追いかけることができます。このドアは、夜以外は開けたままにしています。ロスコウはこのドアをいつも使っていて、しょっちゅう外にいます。

昨日、ジョンと私はロスコウとダコタを家に残して、バイクに乗って一時間ほど出かけました。家に戻ると、すべてが申し分ない状態でした。ダコタがそこにいることで、ロスコウが自分は安全だと感じ、破壊的な行動をしなくなるよう、願っています。

ありがとう。

ジャン

八月一四日（月）

こんにちは、モニカ先生

朗報です！　ロスコウはほとんど一日中外にいたにちがいありません。ジョンがたった今電話してきて言ったんですが、ジョンが家に帰ると、ロスコウが家に入ってきて、二分くらいそこにいましたが、また外に出て庭をぶらついていたそうです。この犬用ドアのおかげですべてがうまくいくのではないかと、祈るような気持ちです。明日、彼を獣医へ連れて行ってマイクロチップを埋め込んでもらうつもりです。

さて、家に帰る時刻です。この朗報をちょっとお伝えしたかったんです！

敬具、ジャン

八月十六日（水）

おはようございます、モニカ先生

Eメールではわからないかもしれませんが、喜びの声をあげています。ロスコウは大人になって外に行きたかったんだと思います。例のドアをつけて以来、彼はとてもおりこうさんにしています。この頃はお仕置きをする理由がまったくありません。それに、以前よりも自立してきています。これはよいことですが、少々困ったことに、私が呼んでもすぐに来なくなりました。でも、その点については、彼を説き伏せられるでしょう。

あなたのご助力に感謝しています。問題が再び起こったらお知らせしますが、そうはならないと思います。

敬具、ジャン

私はジャンに、ジャンのことを誇りに思っていると伝えました。動物とコンタクトしてコミュニケーションできるようにするのは、旅の道のりの半分にすぎません。それができてもまだ、自分が知ったことを適用してそれを徹底させる必要があるのです。動物たちの要求が取るに足らないものであることは滅多にありません。彼らが何かを求めるときは、本当にそれが必要なのです。あなたは、彼らといっしょに変わる覚悟をしなければなりません。あなたが望んでいるからといって、私が彼らに何かをするよう頼むことはできません。ギブ・アンド・テイクの関係がなければいけないのです。彼らはいつも私たちに無条件の愛を与えてくれています。私たちももちろん、何かを与えることができます。ペット用ドアが動物の自立心にとって非常に重要なのは、次の事例からもわかります。

リーバー――もっと自由を

ある日、ベスが私に電話をしてきて、涙ながらに留守番電話にメッセージを残しました。彼女の犬のリーバーが脱走の名人で、彼女は万策尽きてしまったのです。リーバーは隣の壁に二回よじ登りましたし、裏庭から脱走する策を講じることも数回ありました。

リーバーは実は、吠えない犬と、セルフグルーミングをし、しっかり自分の考えを持っている猫との〝あいのこ〟のようなバセンジーです。彼女は木登りが上手なのですが、降りるときのこつは呑み込めませんでした。柵も問題ありませんでした。私と会ったとき、リーバーはまだ生後半年たっていなかったからです。

ある朝早く私が到着すると、リーバーがヨーデルのように声を震わせて戸口で迎えてくれました。バセンジーは吠えないので、喉を鳴らして音を出しますが、これは吠え声というよりもあいさつに近いものです。リーバーはこれを三回やったのですが、ママはこの予期せぬ感情表現にびっくりしました。

私が目を閉じると、リーバーのパーソナリティーがただちに現れました。彼女は非常に興奮していて、ピッチの高い声で矢継ぎ早にママに言いたいことを言って質問をしました。これに先立って、ママは、私たちみなにキッチンにいるよう頼んでいました。「どうしてドアを閉めたの？　なぜ、他の部屋に続くドアを全部閉めてるの？　これはよくないわ、絶対にしないで！　私をここに閉じ込めないで。そんなこと駄目よ。私には他の部屋も必要なの！」

私はベスに、リーバーはすぐに落ち着くからと言いました。しばらくするとリーバーは、はっきり話ができて、感情を十分に説明できるようになりました。リーバーは誇らしげに話しました。「毎日仕事に出かけているのよ」

パパがそのリーバーの発言に同意し、ママは笑いました。「私は毎朝リーバーに〈仕事に出かける準備はできたの？〉と尋ねるんです」

リーバーが続けました。「私は仕事を真面目にやっているわ。私はここで必要とされているのよ」「実際」とママが言いました。「リーバーは狩りの名手ですわ。先週は、二匹のネズミを始末してくれました。私が知りたいのは、どうすれば柵に飛び乗らないよう説得できるのかということです」

リーバーがすぐに戻ってきて、彼らに答えました。「外にいると何が起こっているかわからないので、私を外に出しっぱなしにしないで。ドアをつけて、行ったり来たりできるようにしてくれたら、もっと居心地がよくなるわ。それから、あなたたちがいなくなると心配だから、いつ帰ってくるか教えてちょうだい！」

これは簡単でした。彼らがやらなければならないのは、犬用ドアを取りつけてリーバーにある程度の自由を与えることだけでしたから。

リーバーは自分の感情を表すことができたので、たいそう感謝していて、私たち三人が座っている小食堂テーブルの周囲を回りはじめました。それから、私の左側に来て一方の前足を私の膝に置き、次にもう一方の前足も置きました。私は彼女にやめるよう言わなかったので、彼女は一方の後ろ足を持ち上げ、とうとうもう一方の後ろ足も割り込ませました。彼女の動きはすごく猫っぽくて繊細でした。それから、私の右ひじの内側に頭を置き、数分もたたないうちにぐっすり眠り込みました。私たちは素晴らしいコミュニケーションをして、たくさんの事柄を話し合いました。ベスは私たちの写真を撮り、次のようなメモを添えて私に送ってきてくれました。「リーバー

私の膝の上で一時間眠ったバセンジーのリーバー。

は、あれから一度もうちの庭から脱走しようとしません。ありがとう」

クリスタ――「ママの彼氏の匂いがいや」

アンジェラは私の留守番電話にひどく狼狽したメッセージを残していました。「モニカ先生、もう一度クリスタに会いに来ていただかなければなりません。どこか変です。これまで決してやったことのないことをしているんです。私のベッドで実際におしっこをしてしまいました！　助けていただかなければなりません！　なるべく早くお電話ください！」

私は半年前にアンジェラとクリスタに会っていました。九歳のメス猫のクリスタは、白い短毛の被毛にグレイの斑点がありました。非常に意志の強い猫でした。私は、それに先立って、アンジェラのもう一匹の猫のモリーを病気が原因で安楽死させなければならないときにも、彼女たちに会っていました。クリスタは別の仲間をほしがっていたのですが、今回は、仲間を選ぶプロセスに参加したいと言い張ったのでした。彼女は、自分は家の女王で、自分の気まぐれに従順に従う仲間だけがほしいのだ、と私たちに注意しました。クリスタの望みがかない、新しい猫は動物愛護協会からもらい受けました。

彼らとのセッションに向かう途上で、私は、クリスタと新しい猫との間で何か厄介なことが起こったのではないかと思いました。でも、これまで何度もそうだったように、今回もまた、私が間違っていることがわかりました。

私が着くとすぐに、クリスタが私に会いにやってきて、ひどく大きな声でニャーと言いました。彼女はそれほど人間が好きなわけではないので、これは彼女には不似合いな行動でした。

クリスタは、私がソファに座るのを待ちきれずに話し始めました。「ママが最近、家に帰ると違う匂いがするの。二、三時間出かけるんだけど、帰ってくると犬の匂いがするの。私はそれを認めないっていうことを、一体どうしたら伝えられるかしら。でも、ママが何をしているのかわかってるわ。新しいボーイフレンドができたのよ！」

これをアンジェラに伝えると、彼女はびっくりしました。そして、クリスタに言いました。「あなたはトラヴィスを気に入ってると思ったんだけど。彼はあなたに会うためにうちに来てるし、とってもいい人よ」

クリスタは横柄に答えました。「彼はママが私をどんなに愛しているかわかっているから、私によくしようとしているだけで、猫好きじゃあないわ。彼は犬を飼ってるの？」

アンジェラが答えました。「ええ、でもどうしてわかったの？」

「ママに犬の匂いがついてるからよ。髪から匂うの」

アンジェラはクリスタを諭そうとしました。「だからといって、ベッドにおしっこしていいってことにはならないわ。あなたもあそこで毎晩眠るんだから。でも、あなたが思い煩っている原因がわかったからには、他のペットの匂いを家に持ち込まないよう気をつけるわ」

クリスタはこの会話を楽々とやってのけましたが、ベッドにおしっこをすることで自分の感情を表すことは今後しないとママに約束しました。ママの方は、家に帰ったらすぐに服を着替え、眠りにつく前には手と顔を洗うことに同意しました。

クリスタとママは、うまくギブ・アンド・テイクの取り決めをしました。次の話もやはりおしっこについてですが、これも微笑ましい話です。

フランシスとウィリアム——ベッドの中のいやな匂い

メアリーは、彼女の二匹の猫に会うよう、私に求めてきました。長年いっしょに暮らしてきたのに、一匹がベッドにおしっこし始めたのです。ウィリアムは、五歳くらいの美しい茶トラのオス猫でした。フランシスは黒と白のオス猫でした。

家の中を見せてもらってから、私たちは最後に犯行現場——寝室——に行きました。そこには珍しいものは何もなく、私たちについて二階に上がってきた二匹の猫の両方にとって、その部屋がたいそう居心地がいいのは明らかでした。私は床の上に座り、メアリーと彼女の夫はベッドに座りました。ウィリアムが私のところにやって来て、匂いを嗅ぎ、それから私のそばに寝そべりました。彼は遠まわしに言うことをせずに、ただちに要点に触れました。

「これは僕の部屋なんだ。ここで眠るし、一人になりたいときにここに来るんだ。彼ら（パパとママのことを言っています）がいろいろ変えるのはありがたくないな。最近、ベッドの足の方でひどくいやな匂いがずっとしているんだけど、その匂いがどこから来るのかわからないんだ」

私はもう一度あたりを見回しましたが、すべては申し分ないように思えました。ちゃんとベッドメイクしてありましたし、ベッドの足の方には美しいアフガン編みの毛布が置いてありました。メアリーは、ウィリアムが眠る場所を指で示しました。私は尋ねました。「ウィリアムが不平を唱えている新しい匂いの原因になるような寝具を何かお買いになりましたか?」

メアリーはノーと言いました。

「洗剤や他の洗濯液を変えられたことは?」

これも答えはノーでした。

そこで私はウィリアムの方に戻って、さらに幾つか質問しました。「その匂いはどこから来るの? どんな匂いなの? その匂いがするとき、あなたはどこにいるの?」

ウィリアムに言えたのはこれだけでした。「匂いがする頃には僕はもうベッドにいるし、匂いはベッドの中からするんだ。それも、下半分の方から」

私はパパに尋ねました。「腰から下に何かクリームをつけていらっしゃいませんか?」

彼が次のように言ったときに私がどんなに驚いたか、想像してみてください。「ええ、夜には薬をつけています!」

「それですよ」と私は意気揚々として叫びました。「ウィリアムはその新しい匂いに不平を唱えているんです。それがあなたから匂っていることすらわからないんです。今晩ウィリアムを浴室に連れて行ってそのクリームを匂わせ、それからいつものようにクリームをつけてもう一度彼にあなたの匂いを嗅がせてあげてください」

パパは笑いすぎて涙が出ていました。「自分の猫に薬の匂いを嗅がせなければならないなんて、信じられません」

私はウィリアムにその計画のことを話し、問題の真相を突き止めたことを確信してそこを去りました。

半年後、メアリーがもう一度コミュニケーションしてほしいと言って電話をかけてきました。彼らはバケーションに行く予定で、オス猫たちにそのことを知ってもらいたかったのでした。「ああ、ところで」と彼女が付け加えました。「ウィリアムはあの薬の匂いを嗅いでからは、一度も粗相をしていません」

こんなことを言っても信じてくださらないかもしれませんが、動物たちは私たちにはわからない匂いもわかります。彼らは、あらゆる匂い、あらゆる変化に対して感受性が高いのです。あなたが今度、香水やコロンを変えるときには、このことを念頭に置いて選んでください。

第9章　羽根のある友人たち

「鳥は、自分の翼で飛ぶかぎりは、高く飛びすぎることはない」

——ウィリアム・ブレイク

私はずっと鳥が好きでした。彼らに触れ、柔らかさを感じ、調和していっしょにいる様を観察し、彼らの込み入った模様、それも特に色を見て楽しむのが大好きです。私の机の上には、美しい羽根をたくさん入れた花瓶があります。それらを毎日眺め、形を見て楽しんでいますが、鳥をペットにしたことは一度もありません。実際、鳥のことはほとんど何も知らないので、学ぶことがたくさんあります。

鳥と暮らす人間は、彼らに何を食べさせるべきか、何を近づけてはいけないか、そして原産地によって鳥が快適だと感じる温度が違うことを、正確に知っていなければなりません。また、彼らが病気になったり、理由もなく突然死んだりしないように、できるだけ多くの情報を入手しなければなりません。(鳥は、死の瞬間まで病気の兆候を隠すことで有名ですから)

彼らに話すことを教えるには時間と努力が必要なのは、言うまでもないでしょう。鳥が話すといっても、自分が聞いたことを繰り返しているだけで、豆粒ほどの大きさの脳が思考を処理することはあり得ないと言う科学者もいます。でも、鳥を飼っている人の多くは、この意見に反対です。

いつものように、私は尊敬と澄んだ心を持って顧客に接します。先入観を持たずに、顧客の鳥と二方向の会話を始めて、彼らが送ってくるイメージに対して自分自身を開きます。この手法を用いて、羽根のある友人たちには心からの懸念と意志があって、四つ足の友人たちと同じく、自分の望みや好ききらいを独特の方法で伝えてくることを学びました。

私は動物をたくさん飼っている家に呼ばれると嬉しいのですが、中でもさまざまな種のいる家庭では、動物たちの間に特殊な相互作用があって、笑えることもあります。次の事例もその一つです。

スパッド――三匹の猫と暮らす鳥

マークとドンナは、私が呼ばれる二週間前に、二つの世帯を一つにしました。ドンナは二匹の猫を連れてきましたし、マークは猫一匹と、スパッドという名のオオキボウシインコを連れてきました。

マークとドンナは、いっしょに引っ越してきて新しい生活を始めるのを喜んでいましたが、彼らの動物の友人たちは、これがそんなに良い考えだと確信していたわけではありませんでした。家族全員が苦しんでいました。二週間けんかが続いた後で、彼らは私に電話して、問題解決の糸口を探る手助けを求めてきました。

マークとドンナは非常に重大な過ちを犯していました。動物たちに互いの匂いと近くにいることに慣れる時間を与えずに、最初の日からいっしょにしたのです。幸い、彼らは新居に引っ越してきたので、そこは動物たちみなにとって新しい縄張りとなりましたが、それぞれが順応する時間が必要だったのに……それが与えられなかったのでした。彼らはみな、自分の場所を見つけようとして、その過程でけんかをしていたのです。それに、自分たちの中で階層を確立する必要が

あり、それこそが一番難しいことでした。（第10章の「パーフェクト・ラブストーリー」の中の慎重なやり方と比べてください）

ドンナの年かさの猫のルルは、引っ越してきてからひどく具合が悪くなり、獣医に連れて行かれました。体重が相当減っていて、体中にかさぶたができていました。ドンナは、常に従う方であってリードする方ではなく、ひどく内気で引っ込み思案なルルのことを非常に心配していました。ルルが、引っ越しと新しくできた家族のことでストレスと不安を感じて苦しんでいるのは明らかでした。食べるのをやめ、家中を落ち着きなく動き回り、最近はプライバシーを求めてクロゼットの中に隠れるようになりました。マークの猫のスモーキーがすぐに目につくところにいて怖がらせるので、彼女を恐れているのでした。

話を始めるやいなや、ルルはプライバシーを要求しました。「誰も侵入してこなくて、安全だと感じられる場所。居眠りができて、襲われたり引っかかれたり、どういうやり方でも怖がらせられたりすることがないと確信できる場所。いつも片目を開けて眠るのに疲れてしまったの。休息が必要なだけなの」

動物たちは、みなの要望を満たせるよう給餌スケジュールと餌入れをアレンジしなおすこと、それに猫たちが最も基本的なニーズを分け合う必要がないようにトイレの数を増やすことについて、提案しました。パパとママは、一匹一匹と遊んで交流するための時間の配分の仕方についても意見を聞かされました。

スモーキーは長老で、自分は首領格だから家を管理しているのだということを、すぐさま示しました。彼女は言いました。「みなにそれぞれの場所を示し、家の中の秩序を保つのが私の責任なの。誰かが規則に従わない場合は、いかなる手段を使ってでも思い知らせてやるわ。私の品種は猫の中で一番古くて一番賢いんだから、誰がトップ・キャットになるかは私が決めるのよ」（スモーキーはシャム猫とバーミーズの雑種なので、彼女はシャム猫の血筋のことを言っているのです）

彼女は続けました。「他の猫のエチケットを正さなきゃいけないし、他の猫がそれを理解するには相当な時間がかかると思うの。でも、スパッドには笑わされるわ。私たちは友達だし、私はあの小鳥が大好きなの！」

マークが同意しました。「スモーキーは、前の家で、スパッドといっしょにいるために彼女の籠の下に寝そべっていたし、スモーキーがスパッドを大好きなのを僕はよく知っています。でも、この新しい家では、スパッドは自分だけの部屋を持っています。餌とおもちゃと鏡がたくさん置いてある鉄製のきれいな籠と、楽しい止まり木が窓辺にありますが、彼女は一日中独りぼっちなんです。スモーキーはその部屋に入ることすらしません」

私は、スパッドにつながったとき、彼女のマークに対する態度に驚きました。「私はパパにすごく怒ってるの。もう全然私と話をしてくれないし、私といっしょに時間を過ごしてもくれないんだもの。自分だけの部屋ができても、私が本当にしたいのは、以前のようにパパといっしょに過ごすことなの。パパが構ってくれなくて寂しいわ」

彼女は、突き刺すような鳴き声で自分の考えを強調して叫びました。「私を見て！　私の羽根を見て！　私は汚れてるし、苦しんでるわ！　それから、何かつつくもの、食べても胃の調子が悪くならないものが必要だわ。それに、忙しくしている必要があるわ！　一番してほしいのは、マークに口笛を吹いて私を呼んでもらうことよ。そうしてもらうのが大好きだったわ。すぐにそうしてくれるよう、マークに約束させて」

これを聞いたマークが震えるのが見ていてわかりました。彼は言いました。「家の中でいろいろなことが起こっていて、スパッドといっしょに過ごす時間がなかったんです。スパッドがどんなに口笛ゲームをしたがっているか、わかっています。だから、すぐに始めることを僕が約束したと彼女に伝えてください」

ドンナはスパッドと仲良くなるよう一生懸命努力していましたが、スパッドはパパの子で、マークがドンナを構うことに嫉妬を感じていました。とはいえ、スパッドは、ドンナのために時間をさいて、時々撫でさせることを約束しました。

マークとドンナは、私が彼らの心配事を伝えることができたことで安心し、今後の進捗状況をずっと私に知らせることを約束しました。二、三日後、私は次の手紙を受け取りました。

こんにちは、モニカ

ありがとう。あなたがいらしてくださってから、うちの動物界にはかなりエキサイティングな変化が起こりました。ルルはずいぶん良くなってきていて、皮膚はほとんど完全に治りました。顎の下にまだ治っていない部分が少しあるだけです。食べる量も増えています。ルルとスモーキーの間で衝突が起こることはもうありません。どちらも以前よりずっと穏やかになって、互いのそばを通り過ぎ、一メートル以内のところで眠りますが、敵意のある言葉を言い合う必要はもうありません。

スモーキーも落ち着いたようで、以前ほど私たちや他の猫に気むずかしい態度をとることがなくなりました。彼女は猫用ドアを使っていなくて、裏手にある寝室にしつこく爆弾（糞）を投下し続けているので、彼女専用のトイレを手に入れるつもりです。彼女はトイレを使ったことがないので、彼女のために指示書きを出しておきます。

あなたとスパッドが話をして以来、スパッドの態度に変化が起こりました。なんとお礼を言ってよいかわかりません。あの翌日、彼女は、これまでよりもずっと周りとの交流を受け入れようとしていたので、私が彼女と遊ぼうとして籠に近づくと、数秒もたたないうちに私の方へやって来ました。

私は、彼女を連れ出して水浴びをさせ、乾かすために家のあるブロックの周りを散歩させました。一日中休みなくぺちゃくちゃしゃべり続け、それから「笛吹き」ゲームも数時間しました。その翌日に、私は彼女を籠の外に連れ出し、ソファに座っていっしょに映画を二本見ました。それから彼女はある動作を始めました。私の耳と首筋と髪をくちばしで整え始めたのです。異常だと思う人もいるかもしれませんが、彼女はこれを楽しんでやりました。

それから、私が籠に戻すと、彼女はもっと構ってもらいたがって中に入るのを拒んだので、私は彼女のくちばしにすばやくキスをして、ソファに連れて戻りました。それは彼女には十分な前戯で、彼女がそれを求めたのでした。彼女は私の唇にキスしはじめ、次に、私が笑っている間、自分の頭を私の口の中に突っ込んで歯を完全にチェックしました。彼女がこんなに愛情のこもった態度をとることは長年ありませんでした。ありがとう！

あなたがいらしたことが、うちの動物たちの行動に相当なインパクトを与えたのだと思います。ありがとう。

マークとドンナ

たくさんの種のいる家ではみながいっしょにうまくやっていこうとするので、いつもたいそう愉快です。でも、その調和を達成するのに時間と思慮が必要なこともあります。たとえば、すでにペットのいる家にどうやって新しい動物を入れるのか？　私は普通、次のアドバイスを顧客に与えます。

動物を家に入れる前に、その様子を自分の頭の中でできるだけ鮮明かつ詳細に、数珠つなぎにイメージしましょう。なるべく多くの特徴をイメージに含めますが、中でも特に名前は、わかっているなら含めましょう。また、名前を声に出して呼びましょう。そうすれば、その名前が未来の住人のものであることを、すでにいる動物が理解するのに役立ちます。

時間をかけて動物同士を紹介しましょう。猫の場合は、一週間は別々の場所に入れておき、閉まった状態のドアをはさんで新参者の匂いを嗅げるようにしてあげましょう。それから、ベッドを互いの部屋に移動させて入れ替え、互いの匂いに慣れることができるようにしましょう。また別の日には、十五分間部屋を入れ替えて使わせましょう。翌日は、ドアをわずかに開けて互いの姿が見えるようにしてあげましょう。動物たちが望むなら、ドアを自由に押し開けて、あなたの監督下で会わせてあげましょう。それから、最後には、家の中を走らせてあげましょう。

犬は他の種よりも簡単で、油断なく見張りながら、すぐに紹介してかまいません。ただし、犬だけでいさせても問題ないと確信できるまでは、彼らだけにしてはなりません。

動物たちが最終的に互いに会うときには、彼らは自分でちゃんと自己紹介します。あなたは必ず、最初からいる方の動物に最初にあいさつをし、食べさせ、撫でて尊重するようにし、それから新入りの方を構いましょう。

時間をかけて動物たちの行動を注意深く見守りましょう。誰が誰のグルーミングをし、誰が誰に一目置いていて、お気に入りの場所の選択権を得るのは誰なのか。人間であるあなたは、必ず序列に従わなければなりません。やがて、たとえそれが後から来た方であっても、一匹がトップ・ドッグやトップ・キャットになります。

二つの家庭をいっしょにすると問題が生じると同様、離婚によって分けることもペットの生活に激変をもたらします。私は、パパとママの離婚が関わっているコンサルテーションを二回したことがあります。そのうちの一つの事例では、三匹の動物を飼っていて、もう一つの事例では二匹飼っていました。両親が選ぶことはできないので、彼らは動物たち自身に選ばせました。

子供の場合と同様、動物がまず知る必要があるのは、彼らは愛されていて、間違ったことは何もしていないということです。パパとママが別れるのは彼らの責任ではありません。これを達成するには、両者が、自分のペットに愛情と抱擁と感謝を送ることです。これを自分の心の目で行います。それから、パパとママがいっしょに写っている写真が、真ん中で上から下へと破られるのを想像し、二人が写真の中でゆっくりと別れていくようにします。この時点で、動物たちのうちの誰かがママかパパのどちらかの方に実際に行ったら、その動物の写真をママかパパのいずれかの方に加え、誰が誰の方に行くのかを強調します。それから、その動物の名前を心の中で言います。

個々のステップが終わるたびに、動物たちに、彼らは愛されていて、なんの責任もないことを気づかせてあげましょう。動物たちが今後、一人で食べ、眠り、散歩し、遊んでいる姿をあなたの頭の中でイメージしましょう。うまくできているかどうか確信できなくても、あなたはおそらくちゃんとできているけれど、それをわかっていないだけでしょうから、ちゃんとできている振りをしましょう。

次も、幾つかの種の動物たちがいる家の話です。

ボタンインコ――赤ちゃんがほしい

私がカレンの家に着くと、彼女は動物を家の中の部屋という部屋に別々に入れてしまっていて、すべての動物に会わせるために私を家中連れて歩きました。私は、カラフルで巨大なオウム、バタンインコ、猫、ウサギ、熱帯魚に会いました。それぞれの動物に短いセッションを行った後、残ったのはつがいのボタンインコでしたが、カレンは彼らのことが心配なのでした。

「あの子たちは、私が籠を掃除するたびにストレスを感じるんです。籠の中を死に物狂いで飛ぶので、つかまえるのが大変ですし、私がつかまえようとすると、うろたえるんです。それに撫でられるのも嫌がります。私が愛をこめてやれば、いい気持ちだということを知ってほしいんです」

私は彼らにコンタクトして、掃除の間、落ち着いているようイメージを送り、ママはおもちゃを同じ場所に戻すと彼らに約束しました。すると彼らは、籠を掃除している間止まっておくための止まり木を要求しました。

次に私は、人間は愛情を表現するために触れる必要があること、注意して触れれば心休まる効果をもたらすことを、彼らにイメージで伝えました。彼らはこの情報を少し疑いながら受け取りましたが、試してみると約束しました。

セッションが終わったと思ったとたん、私はカレンに言いました。「彼らのうちの一匹があなたに質問があるんですが、どちらの鳥なのかわからないんです。まるで私の心の目に二枚のX線写真があるみたいに二つのイメージがずっと重なり合っていて、前後に切り替わりながらずっと重なり合っているんです。こんなことが起こったのははじめてで、どういうことなのか理解できません。いずれにせよ、彼らからあなたへの質問は、〈ママ、私たちはどうして赤ちゃんができないの?〉です」

それらのイメージが第三の目から入ってくるので、私はコンサルテーションの間、目を閉じていました。だから、この質問に対するカレンや彼女の夫の反応を見ることができませんでした。思ったよりも沈黙が長く続いたので、私は彼女には私の言ったことが聞こえなかったのだと思い、もう一度尋ねました。「どうして赤ちゃんができないの?」

もう一度長い沈黙が流れた後、カレンが言いました。「それならば、きっとどちらもメスなんだと思います。卵はたくさん産むけど、いつも無精卵ですから!」

まあ、私のとっぴな白昼夢の中では、そんなことは想像もつかなかったわ、と私は思いました。あの時点では、はっきりしないことがたくさんありました。第一に、重なり合うイメージからでは、実際に二羽の「メス」を見ていることはわかりませんでした。第二に、私の中にある懐疑的な側面から考えて、あの質問をどうやって思いついたかはっきりしません。彼女たちが「卵をたくさん」産んでいるなんて、私はまったく知りませんでしたが、明らかに、両方が卵を産んで抱卵していたのです。ですから巣箱の中では普通以上の仕事量となっていました。

第三に、彼女たちが言ったのでないなら、私はなぜ、赤ちゃんができないという質問を思いついたのでしょう? カレンは私に家を見せている間、それについてはなにも口にしませんでした。

実際、最後の最後まで、ボタンインコのことは口にせず、彼女が彼らの名前を言ったかどうかすら、私は覚えていません！

最後に、彼女たちはなぜ、自分たちの世話をしている人間にこの質問に答えてもらいたいと思うほどに、自分たちのことを認識しているのでしょう？

この職業を続けるよう私を駆り立てるのは、このような驚異的なことが起こるからなのです。動物たちに声を与えて彼らに自分自身の言葉で話してもらうことは、私が最も望むところです。たとえ私が自分にとって最悪の敵、つまり最も厳格な懐疑論者になろうとしても、このような事例によって、自分が伝えていることが本当で、自分で作り上げたものではないことを確信できるからです。それは明らかに、私が伝えようとするイメージという形での、本物のテレパシーによるコミュニケーションによって生じているのです。

外で暮らす猫は頻繁に迷子になりますし、犬は逃げ去って方向感覚を失います。私はこのようなケースに何度も関わってきました。でも、リビングルームにある籠に閉じこめられていて外を飛ばせてもらえない鳥が迷子になることなど、一体どうやって起こるのでしょう？　これは大変なミステリーで、次の話からわかるように、私は自分の訪問によって解決することを願っていました。動物の言葉から犯罪行為が明るみに出るなどとは思ってもいなかったのです。

ジャッコ——三人組に連れていかれた

その家では、夫婦と二人の娘と一人の息子、それに赤ちゃんの出迎えを受けました。明らかに重大な家庭問題があるのだと、私は思いました。アシュレイという名の黒のラブラドールレトリーバーのメスと四匹の猫がいるため、その家族は大家族になっていました。

家族全員がコンサルテーションに関わるのは珍しいですし、十代の少年もいっしょに聞くというのはさらに珍しいことでした。私は、今後の参考のためにセッションを録音しました。

私たちはリビングルームに座り、行方不明のヨウム（訳注＝アフリカ原産のインコの仲間で物まねが得意）のジャッコの遺留品をすべて調べました。ドアが開いたままのケージ（鳥籠）——錬鉄製の大きな黒の美しい籠で、かなりのスペースを占めていました——、それに床の上とケージの中に散らばった数本の小さな羽根。その隣には、ジャッコが半生のほとんどを過ごした止まり木がありました。餌入れには餌がいっぱい入っていましたが、手つかずの状態でした。

ママが私に言いました。「私たちがあの晩、仕事から戻ると、彼がいなくなっていたんです。家の中も外も探し、前庭には羽根が二本しかありませんでしたが、とても小さかったので、ジャッコの羽根かどうかわかりませんでした。ジャッコは跡形もなく消えてしまったんです」

四匹の猫がいっしょに暮らしているのだから、私が最初に思ったのは、ヨウムはけなげに戦いはしたのでしょうが、四匹のうちの誰かが昼食を余分に食べてしまったのではないかということでした。私がそうした懸念を表明すると、パパが説明しました。「はじめてジャッコが来たとき、私は数日間、夜には猫といっしょにリビングルームで眠って、ジャッコは家族の一員なのだから、彼らは彼を受け入れなければならないと猫に教えました。猫がジャッコに興味を持つたびに、私はすぐそこにいて、必要であればいつでも介入できるようにしていました。アシュレイですらジャッコを尊重しています。ジャッコは、アシュレイと仲良くしていたし、おしゃべりをする鳥ならほとんどがそうですが、自分のそばにいるよう彼女の名前を呼んだものでした」

私はコンサルテーションを始めましたが、まずそこに住むすべての動物に話しかけ、家族にヒントを与えるような何かを誰かが見たり聞いたりしていないか尋ねました。四匹の猫のうち二匹は、ジャッコが姿を消した日には、彼らはすでに昼間の遠足のために外に行ってしまっていたと言いました。別の猫は、自分は別の部屋で眠っていたが、誰かが話をするのが聞こえたと言いました。

四匹目の猫が私に言いました。「僕はクリスマス・ツリーの下に隠れていて、若い男が犬用ドアからリビングルームに入り込むのが見えたよ。実際に何が起こったのかは見えなかったけど、それからその男は出ていったよ。庭師はすでにその日の仕事を終えて帰ってしまっていて、それからまもなくこの出来事が起こったんだ。でも、まだ午前中だったし、家族全員がどこかへ出かけて留守だった」

家族はたくさん聞きたいことがありましたが、猫たちは答えることができませんでした。そこで私は、ジャッコ自身にコンタクトして、彼が幾つかの質問に答えられるかどうか見てみることにしました。彼は、ただちにはっきりと現れました。そして、言いました。「僕は子供に家から無理やり連れていかれたんだ。ドアを出てからもずっともがいて、やっと自由になりかけたんだけどね」

　彼は自分が乗せられた乗り物の描写をし、手荒に扱われ、それから突然、真っ暗で何も音がしなくなったと、不平を言いました。「今、箱の中にいるんだ。三人いて、クリス（十代の息子）はこの三人を知ってる。一人は、毛が多くて、その毛を真ん中で分けて両側で大きな輪にしてる。二人目は、僕みたいに大きくて尖った鼻をしてる。彼が僕を見ても、僕にはっきり見えるのは鼻だけだよ。三人目は、本当に丸顔だよ。三人とも黒っぽい服を着てる」

　家族は、名前、場所、車種など、さらにたくさんの質問を私に浴びせかけました。ジャッコは我慢できなくなって言いました。「僕のいる部屋の説明をさせて。散らかってるよ。僕は隅に立っていて、後ろに小さな窓がある。外を見ると、自分が家の二階にいるのがわかる。その部屋に住んでいる子供はいつもコンピューターを使ってる。机だかカウンターだかの下に、青か紫がかった色の光が見える。こんなのはうちでは見たことがない。すごく珍しいよ」

　少しでも食べているのかどうか答えるよう促されると、彼は言いました。「ピザと、何だかわからないけど緑色のものを出されたけど、食べなかった。暗い箱にずっと入れられてるんだ」

　私は彼に伝えました。「家族は、夜になるとあなたを探しに出かけて、あなたの名前を呼んでるわ。誰かがあなたを呼んでるのが聞こえたことがある？」と私は尋ねました。

「ううん、誰の声も聞こえない」

私が家族のために得られたのはこれだけでしたが、みなはこれによって励まされ、いとしいヨウムがまだ生きているのならと、彼を探す行動を起こしました。

あの子供たちを知っているとジャッコに言われてうろたえたクリスは、あれこれ総合して推論し、ジャッコの描写から彼らが誰だかわかりました。兄弟二人とその友人でした。彼は家を出て、今そこで彼らと対決したかったのですが、パパがそれをとりなしました。

後でママが私に電話してきました。「パパとクリスがあの兄弟の家にちょっと行って、ジャッコがそこにいるかどうかチェックしました。兄弟は二人だけで家にいて、大人の監督はありませんでした。パパが家に入って兄の方の部屋をチェックしました。彼がクリスの友人なんですが、まったく何も見つかりませんでした。弟の方の部屋に行きましたが、その場で凍りついてしまいました。部屋はひどい散らかりようでした。窓があって、覗くと、家の側面にある庭を二階から見下ろせました。コンピューターがそのすぐ上に置いてあって、紫色の光が机を照らしていました」(パパが後で私に言いました。「まさにあなたが描写したとおりだったので、失禁しそうになりましたよ!」)

残念ながら、私がジャッコと話をしてからすでに数日たっていて、彼はそこにはいませんでした。子供たちは何も知らないと否定し、ジャッコの捜索は突然終わってしまいました。けれども、家族は心休まらず、私立の調査官を雇って子供を尾行させたところ、彼らはついに屈服しました。ジャッコを家から連れ出し、二日間閉じこめ、ペットショップに売り、店主には「もうジャッコはいらないから」と言ったことを告白しました。ペットショップはジャッコを女性に売り、その女性は彼をクリスマス・プレゼントにしたのでした。警察が呼ばれ、ジャッコは誘拐されてからほとんど三週間ぶりに家族と再会を果たすことができました。

今では、ジャッコは、自由を楽しんでいるだけでなく、自分のことをあきらめず、この広い世界の中で一番賢い鳥だと思ってくれている家族の存在を喜んでいます。私も同じ意見です！

次の事例のように、鳥がふとしたことから人間の家族と離れてしまうこともあります。

オウムの赤ちゃん――猫はきらい

サンドラは、オウムの赤ちゃんを見つけ、私（筆者）ならその赤ちゃんがどこから来たのか突き止められるかどうかを知りたくて、電話してきました。可愛いオウムは私に自分の話をし、私はそれを電話でサンドラに伝えました。

「僕のママは、前のママも今のママも、金髪の女の子だよ。僕は前のママの寝室で放し飼いにされてたんだけど、自分の翼の力を試してみることにしたんだ。あんなに高く飛べるとは知らなかったよ。でも急に疲れて怖くなった。屋根に降りたんだけど、どの屋根もまったく同じで、どれがうちのかわからなかった。

声が聞こえたから、すごく注意しながら屋根から降りていったんだ。そうしたら、ママより大きいという点だけが違うママに似た人の姿が見えたから、くつろいだ気分になって、もう絶対にそこから離れないと心に誓ったんだ。新しいママがいつも近くにいるように、注意深く監視してなきゃいけないんだ」

その赤ちゃんは、自分の胸から頭のてっぺんにかけて人間の柔らかい指が優しく走るのがどんなに嬉しいかを説明しました。それから、嬉しくて自分の頭がひょいひょいと上下に動くイメージを見せてくれました。

「夜になると入る籠があって、昼間に入ることもあるんだけど、あの女の子が家にいるときは、寝室で放し飼いにされてるんだ。猫が家の中にいると怖いよ。猫はきらいだ。この新しいママのいる場所は、猫がいないから好きだし、子供の声が聞こえて嬉しいよ」

サンドラが私に言いました。「娘が金髪ですの。このオウムは、娘に家中ついていって部屋から部屋へと移動し、娘の姿が見えなくなるのを決して許しません。窓が開いていても近づきませんわ。あなたがくださった手がかりの中で一番重要なのは、すべての家の屋根が同じ色で同じタイプの分譲マンションに私たちが住んでいるということです！」

サンドラがオウムの前のママを見つけたのかどうか知りませんが、いずれにせよ、オウムには良い家があるのです。残念ながら、第7章で見たように、迷子の動物の事例がハッピーエンドになることはほとんどありません。

第10章　ウサギのラブストーリー

正直に言うと、ウサギのコンサルテーションに呼ばれたときには、私はウサギのことは何も知らなかったことを今ここで告白しなければなりません。外国の都会出身の私は、誰かがウサギをペットにすることなど考えもつきませんでした。でも、ここはアメリカなのだ、と自分に言い聞かせなければなりませんでした。ここでは何でも可能なのだと。始まりは、こんなふうでした。

タビーとフィオナ――ウサギたちと猫の物語

前章で、私たちは、大きなアパートに住むカレンと彼女の夫のアンディに会いました。カレンが電話してきたのは猫を亡くしたすぐ後でしたが、彼女は他のペット――四匹のウサギ、バタンインコ、オウム、それに子供がほしいと言っていた二匹のボタンインコ、それと二匹の猫！――についてもリーディングの続きをしてほしかったのです。そこで私は彼女の家に着くとすぐに、ウサギを籠に閉じこめずにダイニングルームを縦横無尽に走らせていることに気づきました。隠れるための箱、遊ぶための管、数個の猫用おもちゃが床に散らばっていました。餌入れには切りたてのフードや野菜やいろいろな色の葉がいっぱい入っていました。彼らは、私に会うと嬉しそうで、隠れることはしませんでした。部屋の隅で大きなオウムと年老いたバタンインコが止まり木から見下ろしていましたが、彼らの後ろにある籠のドアは開いたままでした。オウムは非常に大きな声でガーガー鳴いていました。

白猫があいさつして、私の匂いを調べるために現れ、家の裏手からは、別の猫がぶらぶら歩いて私に会いに来ました。カレンが言いました。「この子はアーヴィン動物保護施設から新しく来たんです。バディーと名づけましたわ」

この家の首領格でトップの地位にあるペットのエチルは、白い老猫でした。エチルが言いました。「夜になるとソファに座ってテレビを見るアンディにすり寄るのが大好きなの。家にもう一匹ペットが来てもいいか、二週間前に私に聞いてくれてたら、私はいやだと言ったでしょうけど、今はもう一匹猫が来てよかったと思うわ。ただ、まだやらなきゃならないことがたくさんあるけどね。家の中のことをたくさんバディーに教えようとしたわ。特に、他の種がこんなにたくさんいる中で、どういう振る舞いをすべきかについてね。私は努力してるんだけど、バディーは幼いから、注意を払わないことが時々あるの。彼をちゃんとしつけるには時間がかかるでしょう」

私がバディーと話をすると、彼は言いました。「施設から抜け出せて嬉しいけど、この家にはいろいろな音と匂いがあって、ときにはそれに慣れるのがとても難しいんだ。それに、僕とゲームをしたがらない子もいて、どうしてなのか理解できないんだ。彼らを遊びに誘うのにすごく一生懸命努力しなければならないんだよ。でも、鳥はやかましすぎるから怖いよ」

ウサギと話をする時間が来ました。オランダ原産で耳の垂れたキャリコ（まだら）のオスのタビーは、家で一番年上で、トップの地位にあるウサギでした。大変賢いウサギで、カレンにこう言いました。「あなたはいつも、良いことをするために進んで時間を割いてるし、動物のためのサンクチュアリー（保護区）を開くという夢を追求すべきだよ。あなたなら絶対、すごくうまくやれるよ。すべての動物の種と特別なつながりを持ってるし、この夢を無駄にしてはいけないよ」

タビーは古くからいる賢い魂で、何度も転生してきていました。一番印象的だったのは、まるで人間のような話し振りだったことです。私ははじめ、ウサギの言うことを本気にするのに手間どりました。でも、彼の言うことは筋が通っていたので、私は自分の考えをまじえずに、ただ情報に対して開かれたチャンネルになることに注意を集中しました。また、彼は、白猫のエチルと特別な関係にありました。タビーは何も不平を言いませんでした。彼は食事もガールフレンドも気に入っていましたし、自分が愛されているのをわかっていました。

後でカレンが私に言いました。「もらい手のない動物たちのための場所をつくるのがずっと夢でしたが、金銭的な問題で、今すぐにはできません。だから、地元の保護施設でボランティアをしていて、毎日、もらい手のないウサギに食事を与え、世話をしにいきます」

次に、私たちは、タビーのガールフレンドで、美しいソフトブラウンのメスのフィオナのところに移りました。フィオナは内気でダイニングの縁を巡るように置いてある大きなシリンダーの方へ走っていって、その中に隠れることが頻繁にありました。フィオナは愚痴を言いました。「夏はすごく暑いから窓を開けてほしいけど、ママが朝くれる水の入ったビンを凍らせたものは嬉しいわ」

ママが言いました。「フィオナが内気なのが心配ですわ。彼女に家では安心だと感じてもらい、彼女を傷つけるものは何もなくて愛されていても大丈夫だと知ってほしいんです」

フィオナは思慮深く耳を傾け、それから話しはじめました。「家に新しくペットが来たのはおもしろくないわ」と言い、バディーのイメージを私に見せました。カレンが言いました。「ええ、バディーがフィオナと遊びたがって、あらゆる角度から彼女に飛びかかるので、気になってますの。フィオナは怖がって逃げ去ります。でも、バディーはこれは素晴らしいゲームだと思って彼女の後を追い、彼女をつかまえようとして興奮して彼女に爪を立てるんです。フィオナに、逃げるのはやめて、バディーに越えてはならない境界を教えるために必要なら仕返しをするよう、言ってくださいます？　フィオナはシリンダーの中に隠れるので、バディーにつかまりやすいんです。振り向いて、自分が遊びに興味がないことをバディーにはっきりわからせるよう、フィオナに言ってください」

フィオナが答えました。「バディーを見ると心臓がドキドキしはじめるんだけど、やってみるわ」

二、三日後、次のEメールを受け取りました。

モニカ先生

フィオナ（リビングルームにいる茶色の耳の垂れた子、「暑い」子です）が、まったくはじめて会うウサギ好きの人に体を撫でさせ、頬を撫でさせることすらしました！　ああ、そしてあなたがいらしたその夜、フィオナとタブがリビングルームの床の真ん中に座り、バディーがプレーヤーのデッキの上から彼らに突撃しました。タブはいなくなりましたが、フィオナは身動き一つしませんでした。彼女は少しも動かなかったので、バディーはびっくりして彼女を飛び越えなければなりませんでした。彼が床に降りるやいなや、彼女は彼のお尻を軽く押し、彼を追いかけました！

彼が彼女を追いかける時代は終わりました。ありがとう、ありがとう！

私はもう二年以上カレンと連絡をとりあい、彼女のペットと常に関わっています。二〇〇〇年六月に、彼女はもう一度私にEメールをくれました。

こんにちは、モニカ先生

ウサギのタビーとフィオナと話をしてくださいますか？　彼らが、リビングルームのあちこちでおしっことうんちをし始めたので、私たちは、彼らをリビングルームに入れないようにフェンスをつけて、ダイニングルームに閉じこめなければなりませんでした。彼らのために、わらを入れた大きなトイレとトンネルをダイニング・テーブルの下に置いてあります。

彼らがなぜ、自分のトイレの外でおしっこやうんちをしているのか、知りたいのです。私から他のウサギの匂いがするから怒っているのなら、約束が違います。あなたが前に話をしてくださったとき、私が他のウサギを家に連れて来ないかぎり、私が施設の奉仕に行ってもいいというのが、私とタブとの合意でした。私から他のウサギの匂いがするのが問題なら、彼らに私たちの約束を思い出させてくださいますか？　私は彼らをたいそう愛していますし、他のウサギについては、家に連れてこないかぎり、いっしょに時間を過ごしてよいことになっています。

彼らは今、自分がなぜ柵の中にいるのかわかっているのでしょうか？　アンディは、彼らの粗相にまったくうんざりしてしまっていますし、私たちは二人とも、元通り自分のトイレをちゃんと使うようになってほしいのです。彼らは囲いの中に入れられていますが、その間ずっと、トイレの使い方を思い出しているのでしょうか？　狭い場所に閉じ込めておくのはいやですし、彼らがちゃんとトイレを使うと信じられるようになるまで待ちきれません！

ありがとうございます、モニカ。あなたは命の恩人ですわ！

敬具

カレン

そこで私は次のように返信しました。

カレン

タビーが老描エチルのことを言っているのは、まず間違いありません。というのは、誰が物事を管理するのかという質問に、絶えず後戻りするからです。エチルです！

エチルは自分たちみなを一つにまとめる接着剤の役割を果たしているのだと、タビーは言い張ります。彼女はこれを長らくやってきていて、彼女の介入なしに問題が解決したことがあるのをタビーは思い出せないくらいです。

フィオナがこれをやりたいと言って買って出たのはもちろんですが、タビーは、彼女の出る幕ではないと言い張っています。また、自分が管理したいとも思っていません。これが原因で、相当な不安が生じているのです。

一方、エチルは自分の死期が近づいているのを知っていて、それを受け入れています。彼女はあなたの理解と支援に感謝していました。あなたといっしょに過ごしたこの四年の間、彼女は幸せで、生きることを楽しむことができました。でも、今は年老いて疲れていますし、進化を続ける必要があるのです。彼女は、自分のあの世への移行について、徐々にみなに話しています。タビーは、ペットの中でも一番賢いのですが、どういうわけかエチルの言うことを聞き入れようとしません。タビーはエチルをすごく愛しているのです。でも、エチルは自分のやり方に固執していて、これが解決しないかぎり、この世を去ろうとはしません。彼女は現在、それほど苦痛があるわけではないので穏やかに逝きたいのですが、事態が変わればあなたに知らせますし、それに基づいてあなたが行動することを望んでいます。あなた方二人は高度なコミュニケーション能力を持っているので、懇願に気づくのは難しくないことを、エチルは確信しています。

タビーとフィオナに、あなたが休暇から戻って、彼らが二人ともこの情報を受け入れるまで、閉じ込められた状態でいなければならないと言っておきました。また、彼らは、エリックのママ（お隣のウサギのママ）が来て食事をくれるのか尋ねましたが、私はなんと答えればよいのかわかりませんでした。だから、それが誰であれ、あなた方の望みに従ってくれるし、あなた方がいない間も同じ種類の食事が同じ量だけ与えられると言っておきました。彼らはそれで満足しました。フィオナは空気の流通がよくないときには窓を開けてほしがっていますが、あなた方がいない間、それができるのかどうかわからないので、何も答えずにおきました。彼女には、このメッセージをママに伝えるとだけ言っておきました。

今回もまた、彼らは「話」ができて喜んでいます。あなた方が戻ったら、彼らはちゃんとした生活習慣を取り戻しているだろうと思います。いずれにせよ、気楽に考えてください！

お役に立てれば幸いです。

モニカより

翌日、次の返信を受け取りました。


ありがとうございます、モニカ。

タブとエチル嬢の両方と、おそらくはどちらもいっしょに、もっとたくさんの時間を過ごして、彼らに話をさせることができるか見てみます。タブはとても賢いので、耳を傾ければ理解するでしょう。彼はうちにはじめて来てエチルと恋に落ちてからずっと、彼女のことになると馬鹿のようになります。だから彼にとっては多分、今回のことがつらいのでしょう。「私たちはみな申し分のない状態になる、彼女は私たちの心の中にいるから」と言って、彼を安心させるようにします。

彼は相当な「くっつき虫」なんですが、おそらく自分ではそれに気づいていないのでしょう。バディーがうちに来て間もない頃、彼を仲間に入れ、どういう振る舞いをすべきか見せ、楽しいことを教えたのは彼でした。

夏期休暇には、前にも来てくれたペット・シッターのヴェルマに、朝来てみなに食事を与え、エアコンをオンにし、フィオナに水の入った水筒を凍らせたものを与えてもらいます。ローリー（エリックのママ）が夜に来て、食事を与えてエアコンを切り、窓を開けてくれます。だから、あなたが彼に言ったことはまったく正しかったわけです！　ありがとう。
あなたが私たちのためにしてくださったことに本当に感謝しています。今、私は、子供たちがどうなるか心配せずに、リラックスして休暇のことを考えられます！

敬具、カレン

最新情報

私たちを見捨てずに家族の管理をしてくれるよう、タビーを説得することはできませんでした。彼は二〇〇〇年十月十四日に旅立ち、二〇〇〇年十月十七日にはエチルが彼のあとを追いました。ママは彼らを記念して祝典を行い、次の詩を書いた特別なカードをすべての友人たちに送りました。

コンパニオンであり、教師であり、友人であったタビーに寄せて
「私の可愛い白ウサギを、少しの間、あなたに貸し与えましょう」と神は言われた。
「あなたが、彼を生ある間愛し、彼が死んだら嘆き悲しむために。
十二、三年間になるかもしれません、あるいは三年にも満たないかもしれません。
それでも、私が彼を呼び戻すまで、私に代わって彼の世話をしてくれますか？」

「彼は愛嬌を振りまいてあなたを楽しませ、たとえ彼の滞在が短くとも、彼の素晴らしい思い出があなたの悲しみを和らげるでしょう。すべては地球からここに戻ってくるので、彼がずっとあなたのところに留まると約束することはできません。

でも、地球上でこのウサギに学ばせたいレッスンがあります」

「世界中を見渡してこれにふさわしい教師を探し、人生行路に群れを為す多数の人の中からあなたを選んだのです。

では、あなたの愛をすべて彼に与えてくれますか——この務めを無駄だと思わないで。そして、彼を再び呼び戻すことになっても私を憎まないでください」

彼らが「神様、あなたの意志が為されますように」と言うのが聞こえたような気がした。このウサギが喜びをもたらしてくれるからこそ、私たちは悲嘆というリスクを冒すのも顧みないのだ。私たちは、そうできる間は、優しさと愛を彼に注ごう、私たちが知っている幸せのために、永遠に感謝をこめた滞在のために。

私たちの計画よりもずっと早く天使が彼を迎えに行くことがあっても、

来るべき痛恨の悲哀に立ち向かい、理解するよう努めよう。

——詠み人知らず

カレンとアンディは、動物たちから離れて過ごす休暇の準備をするのに非常に骨折りました。動物たちに心の準備をさせてトラウマを最小限にとどめるためにできることも、たくさんあります。まず、あなたが行く場所のイメージを動物たちに見せましょう。家に誰もいなくなる様子を見せましょう。誰が来て彼らに食事を与えて運動させるのか、見せましょう。動物が普段外を眺めている窓を（頭の中で）見て、昼から夜に変わる様子を見せて自分が何日いなくなるか示してあげましょう。もっと良い方法は、（頭の中で）餌入れを見て、互いに再び会う日までその動物が何回食べるかを数えることです。

最後に、あなたが休暇で出かけるので、彼らにも休暇を楽しんでもらいたいと伝えましょう。気楽に構えればよい、家の番をしたり心配したりする必要はない、あなたのために普段、一生懸命やってくれているから、楽しんでほしいのだ、と伝えましょう（これは、彼らをペット預かり所に預ける場合は特に大切です）。それから、本当に重要なのは、あなたが彼らを連れに戻ってくる様子を見せることです！　あなたが実際にドアから入ってきて、彼らの名を大声で呼び、彼らにすり寄り、抱き寄せ、抱きしめ、どんなことでもあなたが普段やっていることをしているイメージを見せましょう。できるなら、家族のみなが動物一匹一匹にこれをすべきです。

その後、私は、他のウサギとその飼い主に数回コンサルテーションを行いました。だから、次のウサギのコンサルテーションに呼ばれたときは、以前よりも少し気が楽でした。そのときにはまだ私はわかっていなかったのですが、このウサギは私のウサギに対する見方を恒久的に変えることになりました。このウサギの話はラブストーリーです。私は、飼い主の親指を突き出す承認のサインだけでなく、ウサギ自身からも、みなさんにこの話を伝えてよいという許可をもらいました。

パーフェクト・ラブストーリー——ウサギのカップル誕生物語

ミリーとリックはメスの白ウサギを飼っていますが、「ウサギ」という言葉を使ったことは一度もなく、自分たちは王女さまといっしょに暮らしていて、その王女さまがたまたまウサギだったのだという言い方を好んでいます。ウサギの名前はミッシースーです。

ミリーが私に電話してきて、コンサルテーションを求めてきました。このような「普通とは違う」テーマに関心を持つのは九〇パーセントが女性ですが、私が着くと、ミリーはリックが仕事から戻る途上なので、彼の帰りを待つよう頼んできました。

私はキッチンでそのウサギに会いました。入り口を広く開けた大型の籠、大変掃除のいきとどいたトイレ、大きな水入れ、餌入れ、それにわらをあてがってありました。キッチン全体を走れるようになっていましたが、リビングルームとは子供用のゲートで隔てられていました。話を始めるとすぐに、ミリーがゲートを取り払ってウサギが家中を走れるようにしました。そんなに放置していて粗相はないのかと思い、私は彼女を変な目で見たにちがいありません。彼女は、ミッシースーは自分のトイレ以外の場所は汚さないと断言しましたから。

暖炉の前には、ミッシースーが走ったり、ときには隠れたりできる段ボールのトンネルがあり、付近にはプラスチックのおもちゃが散らばっていました。

リックは、家に戻ってくると、まずミッシースーに、それからミリーに「ただいま」と言いに行きました。それで、彼の頭の中では誰が一番かがわかりました！　私は、セッションを始める前に、私に依頼してくれたことに感謝し、どういうふうにやるのか説明し、質問があったらどんなことでも聞いてくれるように言いました。彼らは、今後の参考のためにセッションの内容を録音しました。

ウサギのフルネームはプリンセス・ミッシースーで、呼び名はミッシーでした。私が話しかけるとすぐに、彼女は言いました。「彼らは私を自由にさせてくれているから、とても感謝しているの。このような自由が与えられるとは思いもしなかったわ。自分が愛されていると感じ、二本足の動物（人間）を恐れなくてもいいと感じるのに長い時間がかかったわ。ママも気づいているように、私は時々、足のことが気になるの。寒くて湿気た天候のときは特にそうだわ。ママは家の窓をいつも開けたままにするのが好きだから、部屋の中が寒いときがあるの。私はそれがいやなの」（彼らは海の近くに住んでいます）

ミリーが尋ねました。「窓を閉めてほしいの？」

「ずっとじゃなくていいけど、寒くなる夜だけそうしてほしいわ」

ミッシースーは自分のぬいぐるみのことも話し、他のどの色よりも白のぬいぐるみが好きだということ、そしてぬいぐるみたちが動かないから心配だと言いました。ミリーが家にお客さんが来るかもしれないと言うと、ミッシースーの最初の質問は「その人は動くの？」でした。

私たちは全員、笑って言いました。「ええ、そうよ」

リックが「自分が愛されているのはわかっているかい？」と尋ねると、ミッシーは答えました。「ええ。パパが帰ってきたら必ずわかるから、いつも出ていってお帰りなさいと言おうとするの。パパの手はとても柔らかくて優しいから大好きだわ。パパとは特別な関係で、パパのことは本当に大好きだわ」

ママが、抱きしめて撫でられるのが好きかどうかと尋ねると、ミッシーは答えました。「抱き上げられるよりも、私は床の上にいて、あなたがひざまずいて可愛がってくれる方がずっといいわ」

また、ママは、ミッシーは体調がいいのか、それとも気分が悪かったり、どこか痛かったりしないか、知りたがりました。ミッシーは、とても健康だと答えました。どんな食物がほしいのか聞かれると、こう答えました。「カリカリして新鮮なものなら、どんなものでも好きよ。でも、すごくほしいものが一つあるわ」

ミッシーは、二本の指の間にはさんだ小片を誰かが彼女に差し出している様子を見せました。

「これは私の体によくないので、あまりもらえないんだけど、私は本当に好きなんだって言いたいの」

私が、明るい黄褐色をしていて甘い匂いのするものだと説明すると、リックが言いました。「ああ、バナナです。果物は与えすぎないようにしてるんですけど、彼女が大好きなのはわかっています」

ミッシーは続けました。「暖炉が私のお気に入りの場所だから、誰かが私の場所にいるといやなの。その人たちをただにらむだけのときもあるし、そこから退かせるために他のことをするときもあるわ」

突然、真顔になって彼女は言いました。

「他にも言わなきゃならないことがあるわ。パパとママが食卓に着いていたとき、助けが必要な別のウサギのことを話しているのが聞こえたの。そのウサギを家に連れてくることを検討しているなら(後で、彼らが検討している最中なのがわかりました)、私は役に立つ自信があるし、彼(そのウサギのこと)を助ける努力をしたいわ。虐待されるのがどんな感じか知っているし、彼の気持ちがわかるだろうから、まずは彼がその状態を切り抜け、次に家庭生活に順応するよう助けてあげられるわ。追いかけられる相手がいる方が私も嬉しいし。それに、私はとても優しいし、彼をしょっちゅうグルーミングしてあげるわ」

これは、リックにとってもミリーにとっても聞いておく必要のあることでした。私は知らなかったのですが、ミッシースーは赤ちゃんのときに虐待を受けていたのです。彼女を引き取る前に折れた足を治さなければなりませんでした。パパとママが同じ問題を持つオスのウサギを引き取ることを検討していたので、ミッシーは自分が虐待された経験があることを口にしたのでした。そのオスのウサギも虐待を受けたことがあり、最近やはり足を骨折していたのです。折れた足を治す手術を受けた後、里親に世話してもらっていましたが、恒久的な家が必要なのでした。パパとママは、そうできるかどうか、それから二匹のウサギをどうやって別々に住まわせるか、検討していたのです。

彼らのウサギが、尋ねられもしないのに、別のウサギを引き取っていいと言ったのは、驚くべき出来事でした。

彼らはそのウサギのことを知っていて、しばらく里子にするよう求められたのですが、リックは躊躇していたのです。そのウサギがミッシーとうまくやっていけなかったらどうなるのか？ありったけの愛を注いだ後でうまくいかないのがわかるのはいやでした。私たちは、そのオスのウサギの気持ちについて話し、誰か他の人にチャンスを与えることも重要だと話しました。里親になるということは「一時的に」家を提供するということなので、まずそうしてみることは可能でした。

私たちが別れを告げていると、リックが、二週間試してみてうまくいきそうだったら、もう一度私に来てもらうと言いました。私はすぐに彼らから連絡があるだろうと予測しました。

まもなく、カールトン夫妻は、私を新しく来たオスウサギのサー・ウィンストン・P・ベアーに会わせ、もう一度ミッシーと話ができるよう予約したいと、Eメールしてきました。

私が着くと、ミッシースーはキッチンのいつもの場所にいて、ウィンストンは夫妻の寝室にある細長い囲いの二階部分にいました。二匹はそれぞれ、別々に両親と遊んでもらっていました。毎晩二〇分くらい、入り口の広間（中立の縄張り）で全員で会っていましたが、そのときには、マーキングされるのを避けるため、自分だけで行動することは許されていませんでした。そうして、パパとママの監督下で、匂いを嗅いでいっしょに遊んで互いを知るようになりました。

私たちは階下へ降りてリビングルームへ行き、私はパパとママにまず誰と話したいか尋ねましたが、彼らは誰でも構わないと言いました。私が目を閉じるやいなや、ミッシーが話しはじめました。「困っているウサギを助けたいという私の要望を真面目に受けとめてもらって、あんなにも早くそれを実行に移してくれたことを私が喜んでいることを、パパとママに知ってもらいたいの。それから、ウィンストンはいずれ私の遊び友達になるでしょうけど、私は自分がこの家の持ち主で、主だと思っているから、これを彼に知らせるかどうかは私次第だということも知ってもらいたいの。他の誰でもなく、私の条件に従ってやるのよ。ウィンストンは私の規則に順応しなければならないし、彼が家族の一員になる準備ができたら私がそう言うわ。それまでは、彼のことをもっとよく知るまで、毎晩〈デート〉をするのがいいわ。私たちはどちらも、互いに慣れる時間が必要だし、この取り決めは前もって決められた結婚に似ているけど、私はこれを徐々に、そしてやはり私の条件に従ってやるための機会が必要なの。

時々、自分が月経前症候群の人間の女性のように気むずかしくなるのが気になってるの。この不快感が原因で毛が抜けるんだと思うわ（内情に通じている人は「抜け変わり」と呼びます）。気むずかしくなって、いらいらするから困るわ。パパとママには辛抱してもらって、彼らにあてつけてると思わないでもらいたいの。しばらくすれば治まるし、デートをするというような何かおもしろいことをすれば、たいていは解消するから」

彼女は、ウィンストンについてはこう言いました。「はじめて会ったとき、アドニス（訳注＝ギリシャ［ローマ］神話でアフロディーテ［ヴィーナス］に愛された美青年）のようだと思ったわ（私たちはみな、このたとえを聞いて笑いましたが、実際、ウィンストンは真っ白で、彼女の倍の大きさでした）。彼は大きいから、私は時々彼が少し怖くなるの。彼は私に荒っぽい振る舞いをすることがあるので、そういうときには、私はたじろいで気をつけようとするの。私には時間と忍耐が必要で、彼に優しくしてもらう必要があることを、彼は知っておくべきだわ。でも、彼が荒っぽすぎるときは、必ず知らせるようにするわ」

食事が変わったことについて聞かれると、彼女は言いました。「気に入ってるわ、特にあのペレットはおいしいわ」

私はパパとママに言いました。「ミッシーが小さな新芽のイメージを見せてくれています」

「ああ、彼女にアルファルファもやしを食べさせているんです」

ミッシーがすべての質疑応答を終えたので、私はサー・ウィンストン・P・ベアーの方に向き直りました。私が彼を呼ぼうとすると、彼の最初の返答は、「自分の名前が何かよくわからないから、話を始める前にはっきりさせてほしいよ」でした。

パパとママは、彼には施設にいたときに別の名前がついていて、それから名前が変わったのだと説明しました。それでもまだ困惑しているウィンストンが言いました。「でも、パパとママは僕をいろいろな名前で呼ぶよ」

「ええ」とママが同意しました。「私は彼をウィニーと呼びますが、ちゃんとウィンストンと呼ぶようにしますわ。パパはP・ベアーと呼ぶので、彼が混乱しているのも不思議ではありませんわ」

それでも彼は、この説明を上機嫌で受け入れて言いました。「僕の名前の〈サー〉という響きが好きだし、そんなにたくさんの名前があると自分は特別だっていう感じがするよ。いろんな名前があっても、うまくやっていけるよ」

この件が解決すると、彼は話しはじめました。

「この家は居心地がいいよ。前の家でもよくしてくれたし、すごく愛してくれたけど、くつろげなかったんだ(彼は別の里親の家のことを言っているのです)。でも、ここに着いて二、三時間すると、自分はここの一員だと感じたんだ。自分に合っているのがわかったんだ。

僕が感謝していることをパパとママに知ってもらいたいんだ。僕がくつろげるように精一杯のことをしてくれているのがわかるから、僕はお利口にするように努力すると約束するよ。サークルを走り回るのは楽しいよ。(疲労困憊するまでベッドの周りを狂ったように走り回っているイメージを見せてくれました)

運動をするのは僕にはよいことで、そうしないとすごく太るんだ。いつも巣の中にいたら、運動不足でお腹の具合が悪くなって、下痢をするからね。草の匂いが大好きだし、穴を掘るのも好きだ。時々外に連れていってもらいたいなあ。

撫でてもらうのがすごく嬉しいとママに伝えて。前は耳をつかんで持ち上げられてたんだけど、あれはいやだった。ママが僕の耳を軽く叩いて指で優しく分け、撫でてくれるのを理解するのにしばらく時間がかかったよ。はじめは不安だったけど、今はそれを楽しむことを学びかけてるんだ。

僕はプリンセス・ミッシースーがとても好きなんだ。これまでメスのウサギの近くにいる機会がなかったから、施設に連れていかれるまで、メスがそんなにたくさんいるとは知らなかったよ。僕のやり方はちょっと荒っぽいのはわかっているけど、彼女と遊びたくて仕方がないんだ。急がずにやることを学ばなきゃいけないから、もっと注意するようにしてるんだ。でも、いっしょに暮らして、いっしょに走って遊び、愛する誰かがいるということが嬉しいんだ」

ウィンストンは突然、二匹のウサギが互いにグルーミングし合っていて、これが自分たちの目標だと私に伝えている将来のイメージを投げかけました。（気になる人のために言っておきますが、どちらのウサギも去勢・避妊されていたので、私たちは赤ちゃんをつくるためではなく、ただ愛のための仲人を務めていたのです）

二週間後、次のEメールを受け取りました。

一九九九年五月

こんにちは、モニカ！

プリンセス・ミッシーが、自分が管理してサー・ウィンストンに教えることを許してほしいと言ったのを覚えてらっしゃいますか？　彼女が、まさにその言葉の意味を、今、私たちに教えてくれているということを、あなたに知ってもらいたいと思いました。

ミッシーは大変うまくやっていますし、ウィンストンもです！　こんなに素晴らしく可愛い動物たちといっしょに暮らせるとは、私たちはなんて幸運なんでしょう！　私たちみなに素晴らしいドアが開かれたのは、あなたの支援と教育と愛があったからで、このことで私たちはあなたに深く感謝し、感嘆し、愛を感じています。何枚か写真があるので、あなたに二枚お送りします（写真参照）。あなたは、私たちと同じく、彼らの生活の一部ですわ！

モニカ、あなたがありのままのあなたで、その与えられた素晴らしい才能を受容し、それを人と分かちあい、他者に教えるのをいとわないことに、感謝します――あなたはまさに私たちみなへの贈り物ですわ！

愛と笑いと抱擁をこめて、ミリー、リック、プリンセス・ミッシー、サー・ウィンストンより

一九九九年五月二十八日

こんにちは、モニカ！

私たちはあなたのことを忘れていません。彼らは昨晩、はじめていっしょに「眠り」、本当にうまくやり遂げました！　驚かないでくださいよ。ミッシーが先に「降参した」んです。

彼女はそれをもう我慢できなかったのでしょう。先日、彼らはどちらも馬鹿なことをしていた

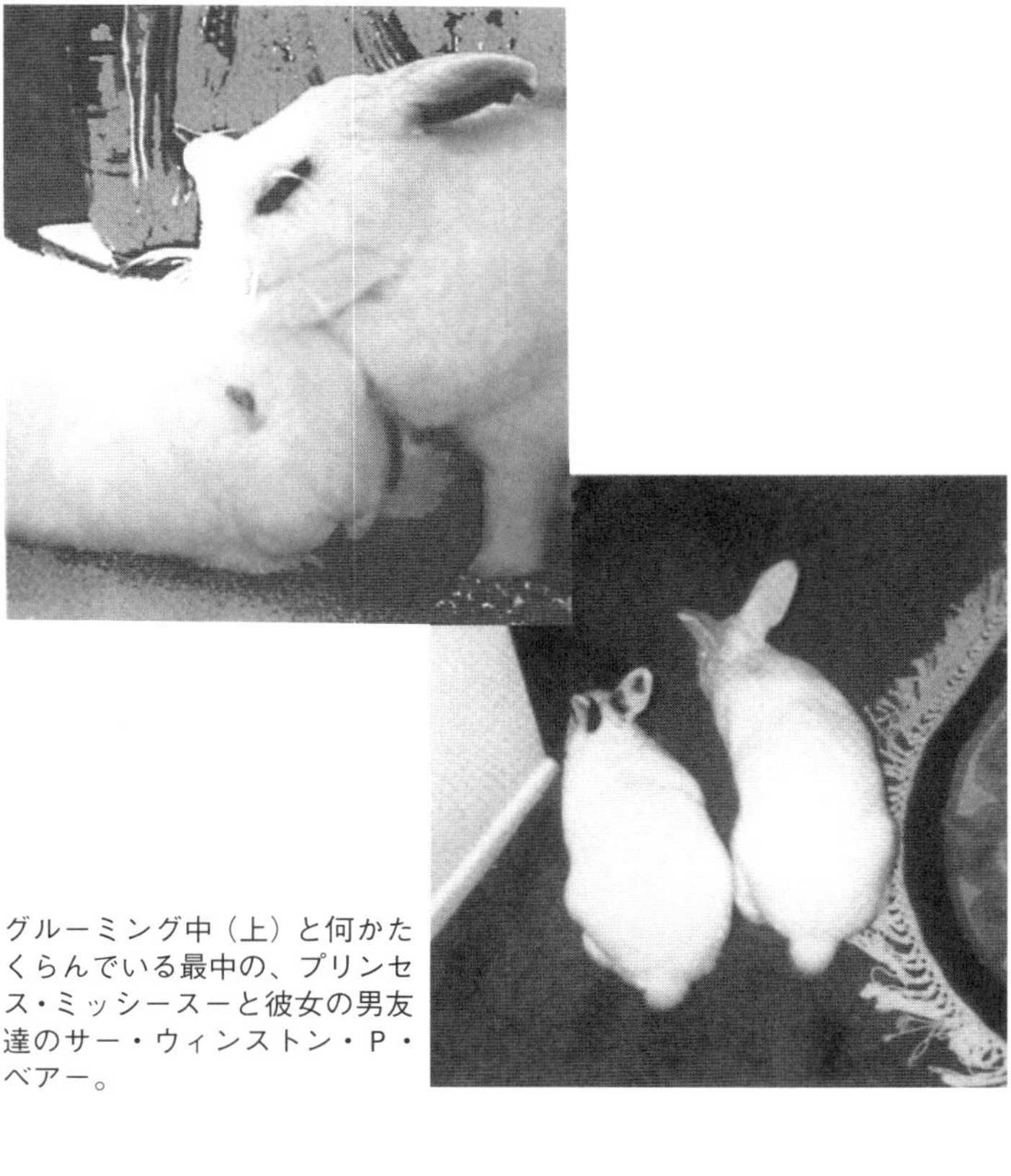

グルーミング中（上）と何かたくらんでいる最中の、プリンセス・ミッシースーと彼女の男友達のサー・ウィンストン・P・ベアー。

のです。私がミッシーを自分の部屋に行かせ、ゲートで閉め切ったとき、戸口に誰が座っていたと思います？　サー・ウィンストンです！　彼にミッシーといっしょに中に入りたいのかどうか尋ねました（彼らはこれまで、ゲートで隔てられた状態で、それぞれの部屋にいました）。ゲートを開けてやると、彼は走って入っていって「せっせと励み」ました。

私はゲートを据えつけました。彼がやってきて、ゲートを取り払うよう二度頼みましたが、私は彼に、「あなたはミッシーといっしょに中に入るという決断をしたんだし、しばらくしたら戻って来れるから」――彼は〝自分の突出物を冷ます〟必要があったのです――とだけ言いました。彼はそれを受け入れ、私は自分の用事を続けました。

私は彼らを出してあげるために四十五分後に戻ってきましたが、なんと彼は「彼女の」ベッドに「しけ込んで」いました！　私がゲートを開けに行くと、ミッシーはもちろん、そこにいました。まず彼女が出てきました――彼は動きたがりませんでした！　私は彼に、いつでも好きなときに出てきてかまわないと言いました。彼はひどくリラックスしていたのです！

ミッシーが二度中に入ってウィンストンと話をしましたが、二度目に彼が起き上がり、伸びをし、私がこれまで見た中で一番大きなあくびをしました――私は、彼はキッチン全体を吸い込んでしまうのではないかと思ったほどです！　彼女はリビングルームに泊まりに行きましたが、まもなく彼が合流しました。私は外に出て彼らに言いました。「興奮しないように。ママはすぐに戻るから」

私は家の正面にある中庭にいましたが、何かが起こっているという感じがしました。そこで家に戻ると、かわいいプリンセスが自分のサーを自分の湿ったキスで圧倒していました！　彼女は単にもはや我慢がならなかったのでしょう！　ゆえに、ママはとうとう降参してしまい、彼らは昨晩はずっといっしょにいました――彼らは走り回って遊んではいましたが、はじめての相互の「同席」を「歓迎」すらしていました！☺

ミッシーは、ウィニーのトイレのしつけが無駄になってしまったことで、少々いらついています……でも、私たちは今それを懸命にやっている最中です！

うちの家族の延長であるあなたに感謝します。あなたのおかげで、私たちは、ここカールトン家で非常に非常に幸せな家庭を築きつつあります！　キッチンの至るところでおしっこをせず、ミッシーにキスを返してあげるようウィニーを説得することができれば、世界はすべて良くなるでしょう。

あなたが特別な人であってくださることに、そして私たちの話に心から耳を傾けてくださることに、心から感謝しています。☺

抱擁と愛と笑いをこめて、カールトン「一家」より

最新情報：一九九九年六月

こんにちは、モニカ！

ミッシーとサーはうまくやっていけているようです――彼らは今、いっしょに眠っています（先

週の木曜からです）。でも、実際はそれほど眠っているとは思いません――ミッシーはまったく疲労困憊してしまっていますから！

来週か再来週に、あなたにまた来ていただいて、少し「おしゃべり」していただく日を決めたいのですが。

ミッシーは先週のはじめから、キスの嵐でウィニーに息もつかせませんし、ウィニーはこの二日間に、キスを返しはじめました！　さて、トイレの話に戻って、ミッシーにおしっこをかける必要はないとウィニーを説得できれば、それはもう解決したも同然だと思います！　あなたが私たちに言えることや提案があれば、どんなことでもお聞かせください！

もう一度、あなたがしてくださったことすべてに対して、それからあなたがありのままのあなたであることに対して、お礼申し上げます！

カールトンの仲間から、愛と抱擁と光を。

七月十三日に、私はもう一度カールトン「一家」に会いに行きました。彼らに再び会えてよかったです。私はキッチンへ行って水を飲み、南カリフォルニアの高速道路でのひどい体験について、大声で不平を唱えていました。すると突然、サー・ウィンストンが部屋の隅っこに退いてしまっているのに気づきました。「大声でしゃべりすぎるよ」と彼が言いました。私は笑ってミリーにその発言を伝えました。

最初に話すのは、いつものようにミッシーで、彼女は明確な口調でわめきました。「さて、一つ言うことがあるわ。ハネムーンは終わりよ！」

私たちは全員、我慢できずに大声で笑いました。「彼女らしい言い方ですよ」とパパが言いました。「ミッシーがどう出るかはいつも予測できないんです。優しかったり、独占欲が強かったり、断固としていたり、母親のようだったり、究極の知恵を持っていたりしますが、いつも予測できないんです」

次に私たちは質問を始めました。「新しいトイレ砂は気に入った？」とママが尋ねました。

「あれでいいけど、もう一つの方も好きよ」

「二人とも、どうしてトイレの外でおしっこをしているの？」とママは続けました。「え〜と、ウィンストンが始めたのよ」とミッシーが言いました。「私は彼がしていることをするだけよ。彼が、私は彼のものだと言ってるわ。私は、冗談じゃないわって言ってるの」

「トイレを別の場所に置いてほしいの？」とミリーが尋ねました。「ええ、彼が来る前に置いてあった場所がいいわ。私は側面から入らなければならないんだけど、彼のトイレが邪魔してるの。離れたところへ動かして、私が入りやすいようにしてくれる？」

「彼のトイレを一方へ動かしてほしいの？」

「もう一つの隅に置いてちょうだい」

「調子はどう？」

「最近は、ちょっとやきもきしすぎてるわ。多分、暑すぎるんだわ」とミッシーが認めました。

パパが尋ねました。「スペースは十分かい？」（私は自分がちゃんと理解しているかどうかを確認するために、質問を声に出して繰り返さなければなりませんでした。それが聞きたい質問であることをパパに確認しました）

ミッシーが答えました。「あなたがキッチンに通じるドアを閉め、彼が私の方に殺到してきているんだから、私たちは動くスペースがほとんどないのに、スペースは十分かですって？　ない、ない、ないわ」と彼女はわめきました。

私たちは全員、また笑いました。これこそミッシーの本領発揮でした。「それを除けば」と彼女は続けました。「リビングルームに走り回るスペースがあって、なんでも自分の好きなことをしていいと思えるなら、自分が実権を握っていられて幸せだわ」

ウィンストンとは、ミッシーのときよりも幾分くつろいだ会話ができました。「ウィンストン、新しい家には慣れた？」とミリーが尋ねました。

「ここにいられて、とても幸せだよ。メスのウサギとこんなにいい関係を持てるなんて思わなかったよ。彼女を崇拝してるんだ。彼女は最高だよ。僕にいろんなことを教えてくれるんだけど、どうすれば十分に感謝できるかわからないよ。自分に家族がいるということが嬉しいよ。今ここにいるのが楽しいんだ」

「暑さにはどう対処してるの？」

「水を入れた水筒を凍らせたのが大好きなんだ。そばに置いておくといい気持ちだからね」

「新しいフード（餌）は気に入った？」

「僕にはフードはそんなに重要じゃないんだ。時間をかけて食べるけど、どれもおいしいよ。それに、僕が食べないものはなんでも、ミッシーが食べるから、僕は嬉しいんだ」

私たちは、二人とも食べさせてもらっているトリーツ（訳註＝市販のおやつ・スナック）のこと、それに、サー・ウィンストンが人参を食べるときにてっぺん（一番おいしいところ）をミッシーに残すことを話しました。

私が帰ろうとすると、ウィンストンははじめは水筒のそばに座っていましたが、次にミッシーの方へ移動し、私に見せびらかすかのように彼女の鼻に二、三回キスをしました。それから、互いに寄り添いました。ミッシーは満足げに目を閉じ、二人とも静かになりました。

これを書いている時点で、あれからすでに一年半以上たちました。虐待を受けた二人の孤児は、互いの存在を見出し、自分を幸せにしてくれる家族を見つけました。けれども、これは単なるウサギのラブストーリーというよりも、はるかにずっと深い話です。パパとママが二人の「子供」に対して抱いている愛は、多くの親たちが自分の子供に対して抱く愛にまさっていて、幾重にも報われる愛なのです。そして、彼らが二匹のウサギを互いに紹介した思慮深いやり方は、それによってできた安定した絆によって報われたのでした。

第11章　たてがみの話

馬の理解力は人間の二歳児と同じだと、何かで読んだことがあります。でも、ミスター・エド（訳注＝テレビのホームコメディーで人の言葉が話せる馬の名前）を見て大きくなった私は、馬はみな、彼のように人間の理解を超えた思慮深さを持っていて、私たちが困っているときに助言できるものと思いたがっていました。しかし実際は、子供のころ馬の近くにいるチャンスがありませんでしたし、馬を怖がっていました。乗馬のレッスンを受けたことは一度もありませんでしたが、やってみると気に入りました。翌日体が痛かったことを除くと、それはとても楽しい経験でした。

以前、「ザッツ・インクレディブル」（訳注＝「とても信じられない話」という意味のテレビ番組）で、馬と乗り手の特別な関係を取り上げていたのを覚えています。乗り手は車椅子生活者で、彼は馬の背に乗るときにだけ自由を味わうことができました。そのときだけは、自分が完全に人間だと感じられたのです。馬は、人間の友人にとって、自分に乗ることがいかに大切か、どこかのレベルでわかっていたので、いつもラクダのようにひざまずいてわき腹をつけ、乗り手が鞍に乗れるようにしました。それから、四本足ですばやく起き上がり、風に乗って走りました。感動的な話で、私は二人の間でどんなコミュニケーションがなされているのだろうと思いました。

後年、アニマル・コミュニケーションを始めたとき、馬が非常に豊かな感情を持っていて、「イメージを用いたテレパシー」で感情を表現できることを知りました。でも、ある程度までは疑いを抱いていました。それに、彼らは、自分が話す事柄をどうやって知るのでしょう？

これらの答えは、私にはいまだに謎です。そうこうするうちに、彼らが本当に私たち人間よりもよく知っていて、ときには彼らの医者よりもよくわかっていることを、私は発見しました。次の話はその格好の例です。

ピニョン・トスカ――けがの完治を予言する

私は、右の後ろ足の靭帯を損傷した二歳のメス馬のピニョン・トスカと話をするために呼ばれました。厩舎《きゅうしゃ》は見つけにくかったので、まず馬主の家に行き、それから馬主について厩舎へ行き

話をした後のピニョン・トスカ。

ました。

厩舎には多数の馬がいましたが、外の広い牧草地で草をはんでいる馬も数頭いました。一頭一頭に屋根つきの馬房《ばぼう》があてがわれていて、地面には干し草が置いてありました。私が車を止めて馬主のロング夫人についていくと、彼女の娘のステファニーがトスカの体を洗い終わって、手入れをしている最中でした。

彼らはこの馬を一年前に買ったのですが、名前は変えませんでした。このスペイン語の名前には、「ナッツのように堅い」と「岩のように頑固」というふたつの意味がありましたが、どちらも、トスカにはぴったりでした。

トスカは素晴らしい馬でした。曇った日でしたが、日光が射さなくても、彼女の被毛は少し濡れてきらきらと輝いていました。体を洗うのは終わっていましたが、まだつながれていて、被毛が乾くのを待っていました。彼女は大きくて、絹のような光沢のある長い脚をしていて、とび色のたてがみが長い首の一方の側に柔らかく流れていました。長い尻尾が右から左へと優しく動いていました。

私は、顧客に会う前にいつもするように、午前中ずっとトスカとコミュニケーションしていて、彼女がどんなふうに思っているかを知ることが、家族のみなにとって重要なのだと伝えておきました。

ステファニーがトスカの被毛を乾かしているときに、私はトスカに「こんにちは」と声をかけました。トスカは私の匂いを嗅ぎ、私に自分の顔を撫でさせてくれました。私たちは二人とも安心感を抱きました。彼女は、下唇の下の特定の場所を撫でてもらうのが特に好きでした。トスカは私が母娘と話をしている間も、私にそうさせてくれました。私は、彼女の視野にとどまって急に動かないように注意しました。彼女が私のそばにいて、リラックスしているのがわかりました。突然、堂々とした二頭の馬を見て、彼女の目が大きく見開かれました。そのうちの一頭は自分の馬房に連れて行かれ、もう一頭は競技場で走って遊んでいました。彼女は少し嫉妬を感じて、こう言いました。「彼らはとてもきれいだわ。見てごらんなさい、風のような動きだわ」

ステファニーがトスカの手入れを終えると、私たちは少しプライバシーを保てるよう、彼女の馬房へと移動しました。私たちはみな、中へ入り、背後でゲートを閉じました。私はママとステファニーに、コミュニケーションについて、そしてそれをどのようにしてやるかを、少し教えることから始めました。この間ずっと、トスカは私たちの前に立ち、私の顔と髪に自分の顔を押しつけていました。私はこれにはしゃいで応え、彼女の顔を撫でて、彼女のおふざけを笑いました。私たちには座る場所がなかったので、私はゲートの背にもたれると支えになって楽でした。それから私はテープレコーダーをオンにして始めました。（自分のためだけでなく、顧客のためにも、時折セッションを録音します。何か難しいことや普通でないことで呼ばれた場合は、後日参照できるようにしておきたいのです。ときには顧客が重要な情報を聞き漏らしてしまって、ダビングしてほしいと要請されることもあります。今回は、特殊な会話になるという感じがしたのですが、どういうふうに特殊なのかは最後までわかりませんでした）

トスカはまだ私の顔の前の、おそらくは五センチほど離れたところにいて、しきりに話したがっていました。彼女はただちに言いました。「馬鹿げた事故だったの。起こるはずのない事故だったのよ。痛みはないけど、脚を休ませなければならないのはわかるわ。跳ねるのが大好きだし、多分またそうできるようになるでしょう」

「完治するのにどれくらいかかると思うの?」と私は尋ねました。

「丸半年」

ママが後で私に言いました。「トスカの獣医が言うには、この種のけがは治らないし、一生そういう感じだろうということです。獣医は、トスカが走るのをやめ、母馬とショー用の馬でいることに専念するよう勧めています」

赤ちゃんを産んで母馬になる気があるのか、とママが尋ねると、トスカは答えました。「他の馬の赤ちゃんは好きじゃないけど、自分の赤ちゃんなら良い母馬になれると思うわ。でも、私は好みがうるさいので、自分に合うオスを選ぶプロセスに参加したいわ。私は美に恵まれているし、自分が見た目にきれいなのがわかっているの。でも、他の美しいメス馬と比べられると自信がなくなるので、それはいやなの」

トスカがこのメッセージをイメージで送ってくると、彼女がさっき見ていた、一頭は黒、もう一頭はダークブラウンの、二頭のメス馬の姿が見えました。トスカが彼女たちの姿勢と色合いを賞賛しているのが感じられました。彼女自身は明るめの栗色で、本当に美しい馬でした。

トスカは続けました。「みな、親切で思いやりがあるから、ここにいて本当に幸せよ。前にいたところよりもずっといいわ。ステファニーに言ってほしいんだけど、私たちは深いレベルで互いを理解しているし、彼女ははじめ私に跳ねてほしくなかったけど、今はそうさせてくれているので、私はとても嬉しいの。多分、赤ちゃんを産んだら、もっと長い時間じっとしていられるようになると思うわ。そうしたら、ステファニーは、跳ねる以外の方法で私たちが生活をともにする術を探れるから」

私がこれをステファニーに伝えると、トスカは話題を変えました。「夜間、寒くなってきていて、それが私の脚にこたえるの。朝になると寒気で脚が思うように動かないから、脚を覆ってくれる?」

ステファニーは、そうすると言いました。

この間ずっと、トスカは私のそばにいて、時折やさしく私に鼻を押しつけ、私の髪と顔の匂いを嗅ぎ、私たちの会話の瞬間瞬間を楽しんでいました。ママも娘も、彼女の振る舞いを見て驚いていました。ステファニーが言いました。「トスカは普段、人間がきらいで、他の人の場合はいつも、自分の囲いの隅にいて干し草をむしゃむしゃ食べているだけなんです。でも、今日は違うわ」

ママが付け加えました。「彼女はいつも私から離れてしまうので、彼女に触ったり撫でたりできたことは一度もありませんわ」

私がこれをトスカに伝えると、彼女ははじめてママに頭を撫でさせました。この明らかな結果を見て彼らはびっくりし、私はこの成果を見て喜びました。けれども、二、三ヶ月後に次の手紙を受け取ったとき、私はもっと驚くことになりました。

モニカ先生

トスカとステファニーが今週末にホースショーに出たことをお知らせしたく思います。彼らは素晴らしかったです。トスカはたいそう浮かれていました。ステフと訓練士が自分の脚から目を離さずにいてくれるのがわかっていたんです。これまでのところ、うまくいっています。私たちはもう一度、超音波診断をするかもしれません。

サン・フアンのオークス（訳注＝南カリフォルニアのサン・フアン・キャピストラノにある有名な施設）でもオークションが催されます。いつ開催されるか、お知らせします。彼らが出場するのをあなたに見ていただきたいんです。その週にそこにおられるなら、見にいらしてください。写真を撮りました。見てくださいね！

敬具

M・ロング

追伸：トスカは、けがをしてからまだ五ヶ月しかたっていませんが、ムチを入れなくとも二位と三位に入りました。

トスカが素晴らしいフォームで障害物を跳び越える姿が写真にはっきり写っています。騎手とトスカの両方が完璧に同調しています。彼女が完治することは絶対にないと医者が言ったにもかかわらず、五ヶ月しかたっていないのに、再び跳び越えることができたのです！　トスカ自身が一番よくわかっていたのです！

ジャックとルースター――テレパシーだけで自分の名前を選ぶ

つい先だって、ベッキーがEメールで連絡してきたので、私は彼女の二頭の馬と話をしました。彼女は年老いてきている馬のことを心配していて、その馬が若い仲間を快く迎えるかどうかを知りたかったのでした。

年老いた馬というのは、二十五歳くらいのテネシーウォーカーで、ジャックという名でした。セッションで、彼はベッキーに言いました。「僕たちはいかなる困難もいっしょに切り抜けてきたね。良いときもたくさんあったし、僕はいつもあなたの愛を感じることができたよ。僕は前はとてもハンサムだったんだよ」最後の文章は、私に知らせるために付け加えたのです。

「今は背中が少し曲がってしまってるけど、今でもトロット（速歩）できるし、良い仕事をしてるよ。新しいメンバーが家族に加わることは悪くないね。実際、僕たち馬はとても家族志向なんだ。新しく来る子が気立ての良い子だったらいいな。彼にその気があるなら、一、二教えたいことがあるんだ。ここではとても忍耐が必要なんだけど、彼は多分、どうすればいいのかわかってないと思うからね」

ジャックがママの声を聞きたいと言うので、ママが彼に話しかけるのをやめないよう頼むと、ママは答えました。「彼に話しかけるのは大好きなんだけど、過剰だと思われるんじゃないかと心配なの」

ルースターというのが、ベッキーが新しく買うことに決めた馬の名前でした。彼もテネシーウォーカーで、二歳くらいでした。彼女はすでにEメールで私に彼の写真を送ってきていたので、この明るい黄褐色の馬が、白いソックスをはいたような脚をしていて、たてがみと尻尾の長い、とてもきれいな馬であることがわかりました。でも、一番印象深かったのは、彼のチャンピオンとしての態度でした。彼はまだ訓練が必要だったので、ベッキーは彼をすぐに家に連れて帰るわけにはいきませんでした。それに、彼の名前が気に入らなかったので、変えていいかどうか気になっていました。そこでルースターが、私を通じてベッキーに言いました。「あなたを、会った瞬間からとても気に入ったよ」

「それは私もよ」と彼女が答えました。

彼が言いました。「僕は一生懸命やるつもりだ。興奮を感じる刺激が好きだし、いろいろな場所に行くのも、自分に仕事と目的があると感じるのも好きだからね。子供が大好きだし、男性よりも女性の方に惹かれるんだ。名前のことも大して気にしてないよ。僕の性格をもっとよく表した名前が必要だけど、あなたに任せるよ」

ベッキーは名前の候補が二つあって決めかねていたので、私たちは彼にどちらが好きか尋ねました。「一つめはジェシーよ」と彼女が言いましたが、これには反応がありませんでした。でも、彼女が「シロー」と言うと、私はすぐに彼が受け入れたのを感じましたし、彼のコメントが聞こえました。「その名前は単調な感じで好きだな。うん、響きがいいから、シローにしよう！」

そうしてシローが付け加えました。「お兄さんがいるというのが気に入ってるし、いいと思うよ。

新しい家に行くのが楽しみだよ」

二、三ヶ月たって、ベッキーがシローを家に連れて帰りました。彼女が後で話してくれましたが、彼をパドックに放すとすぐに、彼女は「シロー！」と大声で呼びました。すると、彼がすぐにトロットで彼女のところに駈けてきたそうです！「すごかったわ」と彼女は言いました。「これが自分に起こったのでなければ、新しく来た馬が自分の新しい名前をあんなによくわかっていてすぐに反応するなんて、信じられなかったでしょう」

第12章　野生動物たち

数千年以上前から家畜化された動物もいれば、猫のようにせいぜい四〇〇〇年くらい前に家畜化された動物もいます。それでも、永遠に野生のままの猫もいて、それらは一つの種を形成しています。たとえば、野生の猫が生まれて人間に触れられることなく成長し、人間に食物を求めることも交流を求めることもないとしましょう。野生の猫を自分の家に連れてくるとどうなるでしょう？　人間に対する攻撃性や恐れがなくなることが一体全体あるのでしょうか？

その子猫が非常に若くて、人間を信頼することを学ぶことができる場合は別ですが、たいていはそうはなりません。もちろん、これは一般論ですが、ある程度年のいった野生の猫を家に連れて来ようとすると、その猫は残りの半生の間ずっと、他の猫にとけこむのに苦労するでしょう。それでも、話をしてみると、彼らが家畜化された動物と同じだけちゃんと判断できることがわかります。違うのは、コミュニケーションをしようとすることに驚いてしまって、何をやればいいのか、あるいはどうやってやればいいのかが、よくわからないという点です。最初の話を読めばこれがわかるでしょう。

黒い野良猫のサム――癒しは伝わる

ノーマは、猫のミヌーが行方不明になったことで、別の猫が精神的ショックを受けているため、私を家に呼びました。

私が頭の中でミヌーを「探しに」出かけると、彼は鉄道の近くにいて、見かけたコヨーテから、こわごわ身を隠している自分の姿をイメージで送ってきました。その場所の描写を聞いて、ノーマは場所が正確にわかったので、連れ戻しにいきました。

ノーマは大きな家で八匹の猫といっしょに暮らしていて、食事時だけやって来る外猫も二匹いました。彼女が言うには、「家にいる八匹の猫のうち一匹は、かつて野良猫でした。彼がけんかをして、ひどいけがを負ったとき、家に連れてきて治療したんです。けがが治ると、食事については依存するようになり、私を受け入れることにしたようです。私は彼をサムと名づけました。現在十歳くらいです。口の感染症を患って普通に食べることができないので、あなたに会っていただきたかったんです。口から泡を出し、始終よだれを垂らしています。餌入れの前に座ってただそれを眺め、飲み込むことができないでいる彼の姿をよく見かけます」

大きなオスの黒猫のサムは、光の射す風通しのよいパティオ（中庭）にいて、あらゆる種類の猫のおもちゃ、カーペットを貼ったキャットタワー、高いところにある棚、居心地のよいベッド、トイレに囲まれていて、それらが隠れる場所ともなりました。

ノーマが私に、彼と話をして何ができるかを見てみるよう頼んだとき、私は不安でした。私が中庭に近づくと、サムはただちに垂木のところに行って私たちから隠れました。ノーマは長い時間をかけて、降りてくるよう説得しました。ようやく降りてきましたが、全速力で家に入り、予備の部屋のベッドの下に隠れました。私たちもついて入り、ドアと窓を閉めました。そしてベッドのたれ布の一方の端をノーマが持ち、もう一方の端を私が持って引っ張り上げました。サムは奥の壁のところまで入り込んで隠れていて、どんなになだめても連れ出すことはできませんでした。私は、彼に危害を加えるつもりはまったくないことを伝えるために、考え得るあらゆることをしてみました。彼は「あっちへ行け」と言う以外、まったく答えることを拒みました。

私たちがいろいろとやってみているうちに、ついにひどく怒って部屋から走り出そうとしましたが、閉じたドアと四本の手にふさがれ、ようやく捕らえられました。私は口の中を見たかったのですが、ノーマが言いました。「それはできないわ。私でも彼に触れられないんですもの。言っておきますが、咬まれますよ」

私は、サムには話すことよりも少しヒーリングが必要だ、と判断しました。話は後でもよいのですから。幸福感と愛のイメージを送りながら、私はヒーリングを始め、徐々に彼の背中に触れはじめ、手はきわめてゆっくりと動かし、右側と左側に交互に円を描くように触れていきました。五分ほどして顔のところにいきましたが、この間ずっと、ノーマは彼を押さえつけていました。彼は、はじめは抵抗しましたが、しばらくするとリラックスして、何が起こるかただ待つ状態になりました。

彼は、座った休む姿勢でカーペットにしゃがみ込んで、尻尾を完全にリラックスさせて目を半眼にしたので、この状況を楽しみはじめてきたのがわかりました。けれども、油断なく気を配っていて、制御を失うことはなく、再び目を開けました。私は、彼の口のまわりにヒーリング・エネルギーを送りながら、手の動きをゆるめてわずかに触れるにとどめ、指先を使いはしても、口のあたりにはほとんど触れないようにしました。それでも攻撃性を示すサインを見せなかったので、私は続けました。そして口の両わきと鼻先に触れることができましたが、これはすべての猫にとって非常に感受性の高い部位ですし、これまで一度も触れられたことのないサムにとっては特にそうでした。

私はノーマに言いました。「彼をつかんでいる手をゆるめて、一方の手をゆっくりと動かして、私がしているように顔に触れてください」

私は自分の手を彼女の手の上に置いて、ヒーリングをどのように続けたらよいか示しました。私が声を出して話しはじめていたので、サムが集中力を失ったため、私はやめるときだと判断しました。さらに数秒間、両頬に触る方法をノーマに指示して、ヒーリングを完了しました。そこでようやく、ノーマに、つかんでいた手を放すよう頼みました。

そうしても、サムはそこにとどまっていて、つかまえる必要がなかったので、この治療を喜んでいるのは明らかでした。彼は私を見、次にノーマを見て言いました。「良かったよ」

それから振り返り、ノーマが窓を開けると、中庭に戻って行きました。ノーマはたいそう喜び、「これまでの長い歳月、今日のように触れられたことは一度もありませんでしたわ！」と言いました。

私はサムとノーマのためにヒーリング・スケジュールを立て、ノーマは彼の治療を続けることを約束しました。

今度また食事の上によだれを垂らしはじめたら、私に電話するとノーマは言いましたが、電話がないので、すべてはうまくいっているのだと思います。

カイエンタ――安楽死を選ぶまで

野生動物の事例の一つに、イザという教師仲間の友人が飼っていたカイエンタというメス犬のケースがあります。イザはアリゾナ州へ旅行中に、仲間からはぐれて通りをぶらついているカイエンタを発見したのでした。コヨーテと犬との雑種で、独特の風貌をしていました。結局、野生の本能は生涯抜けませんでした。

ですから育てるのは大変でした。他の人間や動物はきらいで、イザだけに心を許したのです。イザは、自分の生まれたばかりの双子の扱いについて、コンサルテーションを頼んできました。カイエンタが家に入ってきて、双子の赤ちゃんを見ることができないようにしていたのですが、その事情を説明したかったのでした。

カイエンタは幸せな犬ではありませんでした。

「最初で唯一の仲間としての私の地位が脅かされているのが残念なの。赤ちゃんがいる今、私はもう家にいることすら許されないのよ。地面の露出していない狭いパティオ（中庭）で一日中過ごさなければならなくて、私のまわりに蝿が群がり、植物状態になっちゃうわ。食欲がなくなってきているし、暑いし、腹が立つわ。私は目的を果たすためにこの世に生まれてきて、その目的は達成してしまったの。私自身が手に負えない子供になることで、イザにそのような子供たちの扱い方を教えることになっていたのよ（イザは小学校の教師です）。そして彼女の家族の扱い方も教えたわ。だから、ついに家族ができた今、私をそばに置いておく理由がなくなったのよ。私は（自分の体の）外に出たいの」

イザが彼女に尋ねました。「ここにいるよりも、丘陵地帯に行って自由になる方がいい？」

カイエンタは答えました。「自分が狩りの名手なのはわかっているけど、自由がどんなものかは知らないの。避難場所は見つかるだろうし、これまでもずっと狩りの名手だったけど、一人でちゃんとやっていけるかどうか、実はわからないの」

イザはひどく悲しくなって、さらに尋ねました。「本当に、ここにいるよりも霊の世界へ行ってすべての心配事から解放されたいの？　どんなことでも、あなたにとって一番良いようにしたいのよ」

イザは、カイエンタが自分の体から離れたいと言っていることを信じたくなかったので、続けて尋ねました。「それとも、誰か他の人の家に行きたい？」

カイエンタは断固としていました。「ママ、私はあなた一人のそばにいるのに慣れているのに、いったいどうやって他の人に慣れることなどできるでしょう。そんなことわかりきっているでしょ！」と鋭い言い方で告げました。

イザは当惑しました。他に採り得るすべての方法をまずチェックしてからでなければ、安楽死させることはできませんでした。彼女はすべての救護所、動物愛護協会、野生動物管理局に電話しましたが、他の種との雑種を引き受けるところはありませんでした。イザは途方に暮れましたが、自分の犬を安楽死させる気になるまでにさらに二ヶ月かかりました。その頃には、カイエンタはみなに反抗していました。最初はイザの夫に、そして次にはイザにすら反抗するようになりました。誰も彼女のそばに寄ることができず、給餌《きゅうじ》の時間ですら危険で、パティオに出て行って食事を置き、彼女が近寄ってきて咬みつく前にすみやかに立ち去らなければなりませんでした。幾度も幾度も祈った後、ある日、イザは、いやで仕方のない電話をして、かかりつけの獣医に予約をしました。

私の誘導で、イザは安楽死の手順についてカイエンタと話をし、自分はカイエンタが望んだことをしているだけだと伝えました。その朝、カイエンタは尻尾を振って喜んで車の方へ歩いていき、獣医のところへと車で行く間、いつものように窓の外に向かって吠えることもせずに静かにしていました。着くと、一度たりとも吠えずに尾を振って受付の人と獣医にあいさつし、致死の注射を受けるために床に寝そべりました。

彼女は明らかに状況を理解していましたし、イザも自分の友人が望むことをしているのがわかっていたので、悲しみにひどく打ちひしがれることもありませんでした。このようにして体を離れることは、謝意を表すためにカイエンタが望み得る最良の方法だったのです。イザは友人の呼吸が止まるまでそばにひざまずいていました。彼女は今生の別れにカイエンタの被毛を撫で、祈り、涙がかれるまで泣きました。カイエンタはついに逝ったのです。

タシャ――誇り高き狼の血

私は普段と違う用件で呼ばれるのが大好きです。パティは、自分の狼に会うよう私を呼んだとき、私が野生動物とのセッションの経験がどれくらいあるかを知りたがりました。「そんなこと関係ありませんわ」と私は言いました。「たとえ経験がたくさんあっても、私たちが彼らから受け取る情報は、いつも、その個体に固有のものですから」

タシャは四歳のメス狼で、シベリアンハスキーの血が二〇％ほど混じっていました。彼女は、十一歳のオスのシベリアンハスキーのデュークといっしょに暮らしていました。

私がその家に着くと、タシャはバルコニーにいて、すぐに私に気づきました。彼女はあいさつの意味で吠えはじめ、いえ、実際には遠吠えと吠え声が鳴り響いて通りにこだまし、すごく怖い音になりました。

動物たちは家では自由にぶらつくことはできませんでしたが、ソファのあるサイドルームに入って、そこからパティオに出ることは許されていました。

ママがまず入り、私が部屋に入るのはかまわないのだとタシャに伝えました。タシャは私を見て、命令の姿勢をとりました。彼女は大声で吠えはじめました。私は、攻撃の想念をまったく感じなかったので、恐れる必要がないのはわかっていましたが、それでも少し不安になりました。そこで、非常にゆっくりと床にひざまずき、胸の上で両手を組んで服従の身振りをし、頭を低くして彼女を見ないようにしました。これは、彼女を安心させるための非威嚇・非優勢のポーズで、落ち着かせるサインの一種でした。また、これによって私に対する彼女の好奇心がピークに達したので、ゆっくりと私に近づいてきて、頭から爪先まで匂いを嗅いでいました。私は息をする以外には一切の動きをやめていましたが、そのうえ呼吸すらも穏やかにしようと努めました。頭からあらゆる恐怖心をなくし、代わりに愛情のこもったあいさつをするよう意識を集中しました。

タシャはとても大きくて、仲間のオス犬よりもずっと巨大で、私のほっそりした体の上にそびえ立っていました。彼女が私に咬みつくとは考えないようにしましたし、それどころか、彼女を助け、話をするために自分がそこにいると確信していました。彼女は私の歩み寄りを受け入れているようでした。私についているいろいろな匂いを自分が知っていると確信したとき、彼女は落ち着きました。そこで、パティと夫のトムと私は、ソファに座りました。タシャは床の上に座り、オスのハスキーのデュークはパティオと部屋の間を行ったり来たりしていました。

タシャは、パティオに出て、夜の風景を眺め、二本の前足をフェンスにのせて星空に向かって長い遠吠えをするのが大好きだと、私に言うことから始めました。彼女は、自分の声がこだまするのを聞き、自分がニュースを伝えていて、みなにそれが聞こえることがわかっているだけで、素晴らしい気分だったというのです。

彼女の両親が幾つか質問をしました。「食事についてはどう？　一日に二回食べる方がいい？」「いいえ」と彼女が言いました。「朝一回だけで十分だわ。でも、夜にもらうクッキーは本当に楽しみにしているの。散歩するのは大好きだけど、獲物を追いかけたいな」

トムは彼女を自由に走らせた方がいいのではないかと心配していて、それを口にしました。タシャが同意しました。「自由にぶらついたら、自制したりあなたに注意を払ったりできなくなるでしょう。私の幸福と安全が第一よ。私はナンバーワンで、自分のことに気をつけなきゃならないの。家族を愛しているし、彼らに悪いことは絶対にしないけど、まず自分がやりたいことをやるわ。だから、あなたが、〈おいで〉とか、〈お座り〉とか、〈待て〉とか命令しても、従いたくないときには注意を払わないわ」

パパとママは、タシャが彼らの命令を受け入れるのにいつも支障を来たしているのを十分にわかっていたので、これを聞いて笑いました。

タシャが続けました。「私には、他にも、家を守ったり、近所に目を光らせたり、他の犬に私の縄張りで糞をさせないようにしたり、家族の行動を監視したりといった重要な事柄があるの。こういう仕事があるから、〈おいで〉とか〈待て〉とかいう馬鹿な命令には従えないのよ」

両親がタシャに話さなければならなかったことの中に、彼女には車を追いかける習慣があるという問題がありました。タシャが言いました。「背後から来て私よりも速く進めるものはどんなものでもいやなの。自分よりも速いものは何でも、獲物と同じように追いかけて手に入れるのが私の本能なのよ」

私は、一種の行動修正としてトムに提案しました。「通りで車があなた方のそばを通り過ぎはじめたら必ず向きを変えて違う方向に行けば、タシャは車を追いかけなければならないと思わないでしょう。幸い、あなたは袋小路に住んでらっしゃるので、それほどたくさん車が通るわけではありませんからね」

次にパティが心配事を口にしました。「彼らを散歩に連れ出すとき、同時に両方を扱えないので、一時に一匹ずつ連れ出さなきゃいけないんです。タシャは強すぎるのでね。でも、デュークが散歩に出かける順番がくると、タシャは取り乱すんです。タシャも行きたいんですね。タシャは嫉妬してるんだと思いますわ」

タシャが答えました。「違うわ。私が取り乱すのは、デュークに嫉妬してるからじゃないわ。デュークが戻ってこないんじゃないかと心配だからよ。彼と離れるなんて耐えられないわ。不安の発作に襲われるの。トムが出かけるときも同じ気持ちになるわ」

パティもトムも、タシャがデュークをどんなに愛しているか十分にわかっていました。それに、十一歳のデュークは弱ってきていて、彼が死ぬときにそれがタシャに及ぼす影響を考えると、彼らはひどく心配でした(狼は終生ひとりの相手とつがいます)。ママが提案しました。「おそらく、デュークが逝くまでに若いオスを家に連れてきて、新しい仲間に慣れる十分な時間をタシャに与えるべきでしょう」

タシャが説明しました。「私は死がどういうものか理解しているし、デュークをとても愛しているのも認めているので、彼を失うことは私には耐えられないでしょう。でも、家にもう一匹オスが来ることも考えられないわ。だから、それはやめて！　今、家にもう一匹オスを連れてくるのはやめてちょうだい」

トムはタシャに、通りの向こうのプードルをどう思うかと尋ねました。「まったく気にくわないわ。いつも吠えたててるし、自分たちが世界で一番良い動物だと思ってるのよ。ちょっと教えてやらなきゃいけないわ」

チャンスがあれば彼らにけがをさせるかとトムが尋ねると、タシャはただちにためらいもなく答えました。「ええ！」

タシャは続けました。「自分のやりたいようにやらせてもらわなきゃいけないわ。サーカスの動物じゃないんだから。だから、私があなたたちの指示を受け入れるのは、それが私のする他の行為を弱めることはないと思うときだけなのよ」

泳ぐし水が大好きなデュークといっしょに、なぜプールに行かないのか、と聞かれると、タシャは私に池を見せて答えました。「水は喉が渇いたときに飲むものよ。水の中に獲物がいるなら追いかけるけど、水は楽しむためにあるんじゃないわ。私はそんなのはきらいなの」

トムは、車に乗って出かけるのがそんなに楽しいなら、列車でも出かければいいのに、なぜそうしないのかと尋ねました。

「エンジンの回る高い調子の音や、列車の振動がきらいだから、列車には乗らないわ」

「船に乗るのはどうだい？」とトムが尋ねました。

「船は水の上を進むわよね？　きらいだわ！」タシャはけんか腰で答えました。

ちょうどそのとき、デュークがリビングルームに入ってきて、私の手をなめました。パティが言いました。「話したそうな様子ですわ。彼が何か言いたいのかどうか、聞いてくださいますか？」

デュークは私たちが話ができるということを知って恐れ敬い、試してみようとしたのでした。彼は自分のそれまでの半生のイメージを二、三私に送ってきたので、私はそれをパパとママに伝えました。彼は、娘がもらってきて育て、タシャと仲良くできなかったもう一匹のハスキーのリヴァと、タシャがどんなに違うかということを言いました。デュークが付け加えました。「僕はタシャといっしょにいられてとても幸福だし、彼女は僕の面倒をよく見てくれるよ。いやなことは何もないし、彼女をとても愛している。パパとママが僕のことを話していて、僕が年寄りだと言っているのが聞こえたよ。タシャが最後の日まで僕の面倒を見られるように、僕をできるだけ長くこの家に置いといてくれるよう、頼んでよ」

彼らはそうすると約束し、彼はそれを喜びました。

帰る時間になったので、私は去るために立ち上がりました。するとタシャが怒り出し、深いうなり声をあげて私の顔から六〇センチほどのところに直立して、怒っていることを私に知らせました。トムとパティは、心配して彼女に後退するように言いました。でも、これは彼女にとってはじめての「話をする」体験だということを私は完全に理解しました。彼女は自分の感情を表すことができてリラックスしたから、私にいてほしかったのです。そこで、私は声を出して彼女に言いました。「いいわ、もう少しいるから」

私がゆっくり腰をおろすと、彼女もリラックスして私の前に座りました。それから、まるで私に感謝するかのように近づき、私の顔に数回キスをしました(写真参照)。デュークも、彼女のまねをして、私を是認しました。私はタシャに、私の二匹の子犬が家で私を待っているイメージを送りました。彼女は理解し、二、三歩後退して私に道をあけました。去ろうとする私に、パティが言いました。「これまでの半生で一番の素晴らしい体験でしたわ。ありがとうございます。あなたがいらしてくださったおかげで、私たちは思いもかけないほどペットと親密になれましたわ」

私の方でも、威厳のあるタシャの猛々《たけだけ》しい勇気と忠誠と自己決断とを恐れ敬いました。彼女と出会ったからには、狼をこれまでのように見ることは絶対にしないでしょう。

タシャ（80パーセントがオオカミで、20パーセントがシベリアンハスキー）は私にキスし、デュークは私の手をなめる。

次の話は、純血種についても、野生動物についてでもなければ、どこの家でもできたことでしょうが、最後のところでパズルの最後の一個が見つかり、突然すべてが意味をなすようになったことだけが例外となった話です。

マジクとモレス――警察犬の気持ち

モーガンと会ったのは、「動物交流日」のイベントが催されるペットショップに行ったときのことでした。後で、彼女が「形而上学」のすぐれた教師で、瞑想からタロットに至るまでさまざまなテーマについて、毎週月曜にその店で授業をしていることを知りました。モーガンは、彼女の二匹の犬が私のコンサルテーションを受けたら素晴らしいだろうと思ったのです。彼女自身に霊能力があったので、動物とのリーディングは十分にできたのですが、医師や精神科医がそうであるように、霊能者も、自分自身や自分の家族のことになると、他の霊能者に頼ります。

彼女の犬はどちらも珍しい種なので、私は会うのが楽しみでした。マジクは三歳のオスのベルジアンシープドッググレネンダエルで、モレスは六歳のオスのベルジアンマリノワでした。

いつものことですが、私がはじめて戸口に歩いて入ると、モレスとマジクが来てあいさつをしました。どちらも大きくて、私が一五〇センチ程度なので、たちまち囲まれて匂いを嗅ぎまわられましたが、ちっとも怖くありませんでした。明らかに私と会って喜んでいる様子でしたし、すでに彼らと「話し」て、自分がなぜやって来るのかを説明してありましたから。

モーガンは、彼らの振る舞いが普段と違うと言いました。「マジクは普通、人の全身に飛びかかりますし、それにモレスも動かずに監視します」

マジクはしばらくの間、私をなめ、それから外におもちゃを取りに行って私のところに持って

きました。モレスは階段を数段上がってママに吠えましたが、まるで彼女に何か言っているかの

黒のベルジアンシープドッグのマジクと、警察犬のモレス。コンサルテーションの後で。

ようでした。モーガンは玄関ホールの真ん中に立っていましたが、その犬の様子を自分が目にしたことが信じられず、もう一度言いました。「信じられないわ。普段は知らない人にあんなふうに振る舞うことはしません。今日は何か違うわ！」

私たちはリビングルームへ移動し、モーガンはセッションを録音しました。マジクから始めたのですが、彼は言いました。「モレスが仕事に戻ることになって本当に嬉しいよ。僕は前のように構ってもらってなかったからね」

犬は、自分の保護者の誰かに同行しなければならないという珍しいケース以外には、「仕事に行く」ということはないので、これは興味深い情報でした。（ただし、「自分の仕事」についてはいろいろ話してくれます）

マジクは、ママとの関係は非常に特別で、互いにたくさん学ぶことがあるのを確認しました。私はモーガンに言いました。「マジクは、成犬というよりも、子犬か、年甲斐もなく青年のように振る舞う犬のように感じているんです。彼が好きなのは、あなたにすり寄って、自分は今でもあなたの膝にちょうどの大きさだと想像することですわ」

さまざまな質問が出て、セッションが続いていましたが、その間、マジクは私たち二人の間に座っていました。私は目を閉じていたので、モレスがどこにいるのか知りませんでした。私がモレスと話しはじめると、彼はただちに私の方へ移動してきて、頭を私の膝にのせて私の体に自分の体をもたせかけました。二本の脚を私の左足のそばに置き、お尻は私の右足の上にのせて楽にしていました。彼は完璧で愛情深い犬で、まるで私たちは最良の友であるかのように振る舞いました。話をしている間ずっと、私の手で触られるのを喜んでいました。彼が最初に言ったのは、「僕も仕事に戻れてとても嬉しいよ。家で何もしないで太っていくのはもうごめんだ」でした。

再び、この「仕事」への言及を耳にした私は当惑しましたが、ママに直接尋ねたくはありませんでした。彼女も霊能力があることがわかっていたので特にそう思いました。彼女に、伝わってくることの有効性に疑いを抱いてほしくはありませんでしたが、好奇心が湧いてきました。

モレスの言ったことで一番興味深いのは、ママに言ったことでした。「僕が大きな木枠の中で時間を過ごすからといって心配する必要はないよ。僕はあれでいいんだ。あそこなら、〈悪い人たち〉がいないかどうか注意して、耳をすます必要がないのがわかっているから、あそこにいる必要があるんだ。あそこならリラックスできるし。ママは僕が木枠の中にいることで心配してるけど、僕はあれでいいから、ママに心配しないでほしいんだ」

これを聞いて驚いたママは言いました。「それは私が一番心配していることですわ。彼がこれを私たちの話し合いのはじめの方で言ってくれてとても嬉しいですわ。モレスはパパが手術を受けていたのを知っているんですか?」

とても頭のよいモレスは言いました。「僕はママのご主人を、パパではなく自分のパートナーだと思ってるんだ。彼はとても素晴らしくてタフなパートナーだよ。彼が仕事をやめる二、三日前、彼の行動が普段と違っていたから、どこか悪いのがわかったよ。いつもよりゆっくり歩いていたし、僕のとても近くにいたからね。朝いつ仕事に出かけるかわかるのは、僕のパートナーが着替えを始めるからで、僕はすごく嬉しくて、出かける時間が待ち遠しいんだ」

ママが尋ねました。「彼はなぜ、自分の手を、他の犬のようにただ自分の体の前に持ち上げるだけではなく、人が持てるように差し出すのかしら?」

モレスは、大勢の人がユニフォームを着て、自分の犬をそばに置いて並んでいるイメージを私に見せました。男性が一人前に立っていましたが、みなが彼を尊敬していました。この男性は列の端から始めて、各人と握手し、犬を軽くたたきました。モレスはこれを「受け入れ」と呼び、「僕は受け入れられていると感じたいんだ」と言いました。

モーガンが尋ねました。「彼はヨーロッパで訓練を受けたことを覚えているのでしょうか?」モレスが言いました。「うん、覚えているよ」。そして、自分のまわりでいろいろな活動が行われているイメージを送ってきました。さまざまな角度で、あるいは円を描きながら非常に速く走ったり、バランスを保って倒れないようにしたり、命令に従って攻撃して放す方法を学んだりしている彼の姿が見えました。そのイメージを見て私は当惑し、これが彼の「仕事」と何か関係があるのかしらと思いました。

「僕の命令はみな、フィンランド語だったので、僕が英語をわかるとはみな思ってないんだ。僕は言われることをよく理解しているし、言葉は僕には障害にならないことをママに知ってもらいたいよ。それに、マジクも幾つか教えてくれたからね。家にいるときは僕はママに従うけど、他の場所では一人の人間にだけ従うように訓練されていて、それは僕のパートナーなんだ。僕は自分の仕事が大好きだし、家に戻って家族といっしょにいると幸せだよ」

セッションは終わったという感じがし、モーガンが説明しました。「モレスは警察犬なんです。

オランダで訓練を受け、訓練の後まもなくアメリカに来て、警察官である主人のパートナーとして配属されたんです。彼は警察の中で一番癖のある犬と見なされています。彼はいつも、まず攻撃を始めますが、人間の腕を裂いて落とすことができるので止めなければなりません。私の友人の多くは、モレスが怖くて家に来るのを断ります。彼は、〈悪い人たち〉と闘う仕事を熱心にして家に帰ってくると、自分の大きな木枠に行って眠ります。主人は夜働くので、モレスは昼間に数時間眠らなければならず、その間にマジクは一日の活動を始めます。木枠の中にいる間、自分は働く必要がなく、マジクが家のことに気をつけてくれているから休息して眠ることができるのをモレスがわかっているとは、嬉しいですわ。主人が手術しなければならなかったので、モレスはもう一ヶ月以上家にいるんです。自分のパートナーの病気が治って動き回っているのを彼は知っているので、彼らはまもなく仕事に戻るでしょう」

「朝、主人が仕事に出かける用意ができてユニフォームを着ると、モレスも出かける時間で、新しい日に乗り出すのが待ちきれないようです。彼にフィンランド語で命令できるのはパートナーだけですが、彼は尊敬を受けるのに値する人しか尊敬しません。現在のパートナーの命令にしか、耳を傾けませんし、服従もしません」

彼はこの州内の犬の中で一番獰猛かもしれませんが、私にとっては、愛情いっぱいで私の足もとに立ってもたれかかる可愛い子犬です。だから必要ならいつでも家に連れて帰ります。私が家を出る直前、モレスは愛情を示すために、外へ出てお気に入りのソックスをとってきて、私が遊べるよう持ってきました。素晴らしい写真が撮れましたよ。いっしょに遊びながら、私は心の中で、愛と美にあふれる宇宙に感謝しました。

純血種と野生動物と獰猛な動物と話をしたおかげで、彼らはみな、尋ねられた質問に自分の感情を結びつけることができるのを、私は確信しました。彼らが劣っていて考えることなどできない生き物だなどと、私たちはどうして思うことができるでしょう。

アレン・ブーンは、自著の『人はイヌとハエにきけ』（上野圭一訳・講談社刊）で、二人の族長について書いています。一人はアメリカ先住民で、もう一人はアラビア砂漠のベドウィン（アラブ系の遊牧民）です。彼によると、「何万キロも離れて暮らす二人の族長は、当然のことながら、たがいにまったく没交渉の関係であった。だが、その二人は同じビジョンを分かちもち、ほとんど寸分たがわぬと言っていいほどに共通した精神的、霊的、身体的な境地に入ることができた。同じ一本の黄金の糸が、ふたりのいのちを結びつけていたのである」（同書より引用）

彼らは、動物たちに感情とイメージを送り、「星の生き物」、または「分別のある仲間」である彼らと関わることによって、動物たちとつながるのです。

「神は」と彼らは言う、「宇宙に遍満し、無限の知恵と力と目的をもった神であり、自分はたえずその神が万物をとおして輝きをはなつのを目にし、万物をとおして知恵のことばを語るのを耳にしている」（前掲書より）

「動物を、自分と同じ精神的、霊的なレベルの存在だと見なすベドウィンやアメリカ先住民の思想は、もちろん、けっして独創的なものでも新しいものでもない。二十世紀も前に、ヨブは同じ思想を説いている。
けものに尋ねるがよい、教えてくれるだろう。
空の鳥もあなたに告げるだろう。
地を這うものに問いかけてみよ、教えてくれるだろう。
海の魚もあなたに語るだろう。
かれらはみな知っている。
それがとこしえの道であることを。
すべての命あるものは、肉なる人の霊も
とこしえの道の手の内にあることを。（ヨブ記十二章七—一〇節）」（前掲書より）

エピローグ

私は長年、数えきれないほどの動物たちと話をしてきましたが、生きている動物もいれば、あの世へいった動物もいました。彼らには共通の特徴があります――みな、無条件の愛を与え、私たちをありのままに受け入れ、大いなる思いやりを持っていて、まったく忠実だということです。

今後、ますます多くの人が動物の友人を家族の一員として扱うようになるにつれ、動物たちにとって良い変化がたくさん訪れることでしょう。私の未来のビジョンでは、動物たちが、医学研究や衣類に使われたり、食物として再利用されたりすることはもはやありません。今より法律が厳しくなり、犬の誘拐や残酷な扱いは犯罪とされるようになるでしょう。ちょっとした交通事故が原因で、北カリフォルニアの男性が、ある女性の毛のふわふわした可愛い愛玩犬を車の通る往来に投げ込み、その男は懲役三年の判決を受けたというニュースを私は覚えています。路上で激怒したことから起こったひどい犯罪でしたが、法制度もやはりあのような見方をしたことを、私は喜びました。だからといって、可愛い犬が戻ってくるわけではありませんが。

国中で避妊と去勢を行うことに関する法規が制定されるでしょう。動物を購入するときは、家に連れて帰る前に不妊治療を行わなければならなくなるでしょう。保護施設によっては、すでにこれをやっているところがありますし、新しい千年の始まりにそのような法律が通過したカリフォルニアでは特にそうです。これによって、きっと、家が見つからないために現在年間何百万匹もの動物たちが安楽死させられているという事態が回避されるでしょう。繁殖家は特別な免許制となり、子犬生産工場などは一掃されて、厳しい監督下に置かれるでしょう。

犬であれ、猫であれ、ウサギであれ、イグアナであれ、鳥であれ、馬であれ、すべてのペットは免許がなければ交配できなくなるでしょう。マイクロチップ、網膜ＩＤ（訳注＝眼底像をチェックして個体を認証すること）、あるいは私たちが思いつくどのような新技術であるかはともかく、取りはずすことのできない身分証明書のようなものが必要となります。

人間が「飼い主」と呼ばれることはもはやなく、ペットの保護者とかコンパニオン（仲間）とかと呼ばれるようになるでしょう。動物たちは所有物であることをやめ、なんらかの権利を持ちはじめるでしょう。

ペットの世話の仕方についての人間の教育は、子供の世話に関する教育と同じだけ重要なものになるでしょう。仕事に出かけている間、犬が家で独りぼっちにならないよう、彼らを預けられる託児所ができるでしょう。また、職場は、今よりも「犬にやさしく」なるでしょう。これによって、別離不安症や、過度に吠えたり咬んだり掘ったりするなどの、退屈に関連して起こる行動のために薬が必要な動物の数が減るでしょう。

犬を散歩させる人やペット・シッターは、高校の学習過程や成人教育で、適正な動物の世話や心肺機能蘇生や特殊授業の訓練を受けられるでしょう。囲いのある公園や海浜の特別コースが、動物の仲間をピクニックに連れて行きたい人のための安全な場所になるでしょう。

ペットにもやがてシートベルト着用が義務づけられるでしょう。シートベルトを着けない場合は、ペットキャリーが必要になるでしょう。ピックアップ・トラックの後ろに乗せたり開いた窓から飛び出したりすることは、もうないでしょう！

現在ヨーロッパで許されているように、歩道沿いのカフェや屋外の中庭つきのレストランにペットを連れて行けるようになるでしょう。自分の動物の後について汚物を始末しなければ罰金が課せられることを、人々は知るようになるでしょう。また、ペットの健康保険が、人間と同じだけ一般的になるでしょう。

動物を治療するために、人間と同じ早さで技術を利用できるようになるでしょう。動物が不治の病にかかっている場合は、ほんのわずかの費用で安楽死させられるようになるでしょう。ペット用共同墓地が増え、ペットの火葬がもっと行われるようになるでしょう。宗教的かどうかはともかくとして、動物たちの生涯を祝って公然と死をいたむ記念式典が、今よりももっと多く行われるようになるでしょう。

スポーツであれ娯楽であれ、闘犬や闘牛やキツネ狩りのような残酷な行為は受け入れられなくなり、法律で禁止され、人間に対する残虐行為と同じだけ厳しい刑罰が課せられるようになるでしょう。

最後に、医療の支援、治療、捜索、救急医療、シロアリや麻薬や麻薬代金を匂いで嗅ぎ分けるなど、生活のすべての分野で、今よりもずっと多くの犬たちが働くようになるでしょう。

私たちは、自然と親しく交わり、自分のすべての感覚を使って働き、風の匂いを嗅ぎ、水の音を聞き、雨を味わい、月を感じ、精霊を見ることを、自分の動物から学ぶでしょう。何を信仰していようと、私たちの動物の友人が私たちといっしょにそこにいないなら、天国などないということを確信するでしょう。

こうなるまでの間、私たちの家と心に彼らの場所を与え続けましょう。私たちのコミュニケーション能力を向上させる努力を続けましょう。そうすれば、おそらくいつか、私たちの祖先がしていたように、私たちも彼らと話ができるようになるでしょう。

本書に掲載した話が、ペットたちの豊かな内的世界に対してあなたの心を少し開き、コンパニオン・アニマル（伴侶動物）たちを新しい目で見るのに役立てば幸いです。彼らは「ばかな動物」などではまったくなく、「見る目と聞く耳を持つ人」に伝えることをたくさん持っているのです。

〈著者略歴〉

モニカ・ディードリッヒ

著者は、８歳のときから、自分は動物の話す声が聞こえるのがわかっていました。18歳になるまで、多くの人に将来のヒントを与え、進路を選ぶ手助けをしてきました。東洋の伝承を勉強して、自然と動物と人間がどのように相互に関係し合っているかを知り、治癒とは「頭」と「体」と「心」という３つのレベルで達成しなければならないものであることを理解しました。
1990年からは、ペット・コミュニケーターとして、休みなく動物たちと話をしています。また、獣医のアシスタントもしています。「形而上学」の博士号を持つ一方で、聖職者でもあります。アルゼンチン出身ですが、南カリフォルニアに30年以上住み、現在、夫と子供たち(ペットも含む)といっしょに暮らしています。

〈訳者略歴〉

青木 多香子（あおき たかこ）

兵庫県出身。主に精神世界、ホリスティック医療、動物関連の書籍の翻訳家・通訳者として活躍中。『がんは癒される』(日本教文社)、『フラワー・レメディー・ハンドブック』『イヌのライフスタイル』『ネコの食事ガイド』『イヌの健康ガイド』『ネコのないしょ話』『動物のためのクリスタル・ヒーリング』(以上、中央アート出版社) などの訳書がある。現在、５匹の猫と暮らす。

ペットのことばが聞こえますか

2005年11月10日　初版第1刷発行
2012年10月10日　初版第4刷発行

著　者　モニカ・ディードリッヒ
訳　者　青木 多香子
発行者　韮澤 潤一郎
発行所　株式会社たま出版
〒160-0004　東京都新宿区四谷4－28－20
☎03-5369-3051（代表）
http://tamabook.com
振替　00130-5-94804
印刷所　図書印刷株式会社

ISBN978-4-8127-0198-0 C0011